Karsten Müller

Technische Methanolsynthese
im Versuchsstand
Heterogene Katalyse
bei der Herstellung von Methanol

Diplomica® Verlag GmbH

Müller, Karsten: Technische Methanolsynthese im Versuchsstand: Heterogene Katalyse bei der Herstellung von Methanol, Hamburg, Diplomica Verlag GmbH 2011

ISBN: 978-3-86341-034-6
Druck Diplomica® Verlag GmbH, Hamburg, 2011
Zugl. Technische Universität München, München, Deutschland,
Diplomarbeit, 2009
Originaltitel der Abschlussarbeit: Katalytische Untersuchungen an Katalysatoren für die Methanolsynthese

Bibliografische Information der Deutschen Nationalbibliothek:
Die Deutsche Nationalbibliothek verzeichnet diese Publikation in der Deutschen Nationalbibliografie;
detaillierte bibliografische Daten sind im Internet über http://dnb.d-nb.de abrufbar.

Die digitale Ausgabe (eBook-Ausgabe) dieses Titels trägt die ISBN 978-3-86341-534-1
und kann über den Handel oder den Verlag bezogen werden.

© Diplomica Verlag GmbH
http://www.diplom.de, Hamburg 2011
Printed in Germany

Die vorliegende Arbeit entstand in der Zeit von April 2009 bis Oktober 2009 unter Anleitung von Herrn Professor Dr.-Ing. Kai-Olaf Hinrichsen am Lehrstuhl I für Technische Chemie, Technische Universität München.

Danksagung

Ich danke Herrn Professor Dr.-Ing. Kai-Olaf Hinrichsen für die Möglichkeit zur Durchführung dieser Arbeit, die interessante Aufgabenstellung und das mir entgegengebrachte Vertrauen.

Besonders danken möchte ich Herrn Dipl.-Chem. Georg Simson für die intensive Betreuung dieser Arbeit und für sein Interesse an deren Fortgang. Die außerordentliche Unterstützung und Hilfsbereitschaft die ich von ihm erhalten habe möchte ich besonders hervorheben.

Des Weiteren möchte ich allen Mitarbeitern des Lehrstuhls I für Technische Chemie für das angenehme Arbeitsklima und die mir entgegengebrachte Hilfsbereitschaft danken.

Abschließend möchte ich meinen Eltern und meiner gesamten Familie für die Unterstützung während der Diplomarbeit und des gesamten Studiums danken.

Abstract

Copper-based catalysts for the synthesis of methanol have been investigated. The free copper surface area was determined by reactive frontal chromatography with nitrous oxide. The measurements of the copper surface of a freshly reduced industrial catalyst ranged between 24,3 m²/g and 25,0 m²/g. During synthesis the surface area decreased, stabilizing at a level of about 20 m²/g. The influence of the precipitation agent during catalysts preparation on the thermal stability of the catalyst was also examined. It turned out that the decline of the surface was far smaller on catalysts precipitated with ammonium carbonate compared to those precipitated with sodium carbonate. This might have been caused by the removing of the remains of ammonium from the catalyst during methanol synthesis.

At a pressure of 1 bar the yield of methanol reached its maximum at about 205 °C. This maximum shifted to higher temperatures with rising pressure. Along with methanol synthesis water-gas shift reaction occurred to a large extend. At atmospheric pressure the water-gas shift reaction strongly dominated over methanol production. Even at 190 °C where the ratio between water gas shift and methanol synthesis was at its minimum the water gas shift reaction exceeded the methanol synthesis by a factor of about three. With rising pressure the ratio between the two reactions moved towards methanol synthesis.

Abkürzungsverzeichnis

°C	Grad Celsius
Δt	Zeitdifferenz
η	dynamische Viskosität
θ	Oberflächenbedeckung
ρ	Dichte
σ^2	Varianz
σ_{Cu}	Kupferatome pro Flächeneinheit
τ	mittlere Verweilzeit
A	Frequenzfaktor
A_{N_2}	Fläche unter der Stickstoffkurve
cm	Zentimeter
d	Durchmesser
E	Verweilzeitspektrum
E_a	Aktivierungsenergie
F	Verweilzeitsummenfunktion
g	Gramm
h	Stunde
K	Kelvin
k	Geschwindigkeitskonstante
kJ	Kilojoule
m	Meter
MeOH	Methanol
min	Minute
ml	Milliliter
mm	Millimeter
m_{Kat}	eingewogene Katalysatormasse
N_A	Avogadro-Konstante
Nml	Normmilliliter
ppm	parts per million (Teilchen pro Million)
R	Allgemeine Gaskonstante

Re	Reynoldszahl
Re_{krit}	kritische Reynoldszahl
s	Sekunde
SPM	Schlitzplattenmischer
SYN1	Synthesegas 1
T	Temperatur
t	Zeit
v	Geschwindigkeit
$\dot{V}$	Volumenstrom
V_m	molares Volumen
$\dot{V}_{N_2O/He}$	Volumenstrom des Lachgasgemisches/Helium
Vol-%	Volumenprozent
WHSV	Weight Hourly Space Velocity (Massenbezogene Raumgeschwindigkeit)
z	Stöchiometriefaktor

Inhaltsverzeichnis

1 Einleitung und Zielsetzung

Im Jahr 2008 wurden etwa 44 Megatonnen Methanol produziert mit steigender Tendenz [1], womit Methanol nach Ammoniak und Schwefelsäure die am dritthäufigste heterogen-katalytisch hergestellte Basischemikalie ist. Aus diesem Grund sind die Methanolsynthese und die dafür verwendeten Katalysatoren Gegenstand intensiver Forschung.

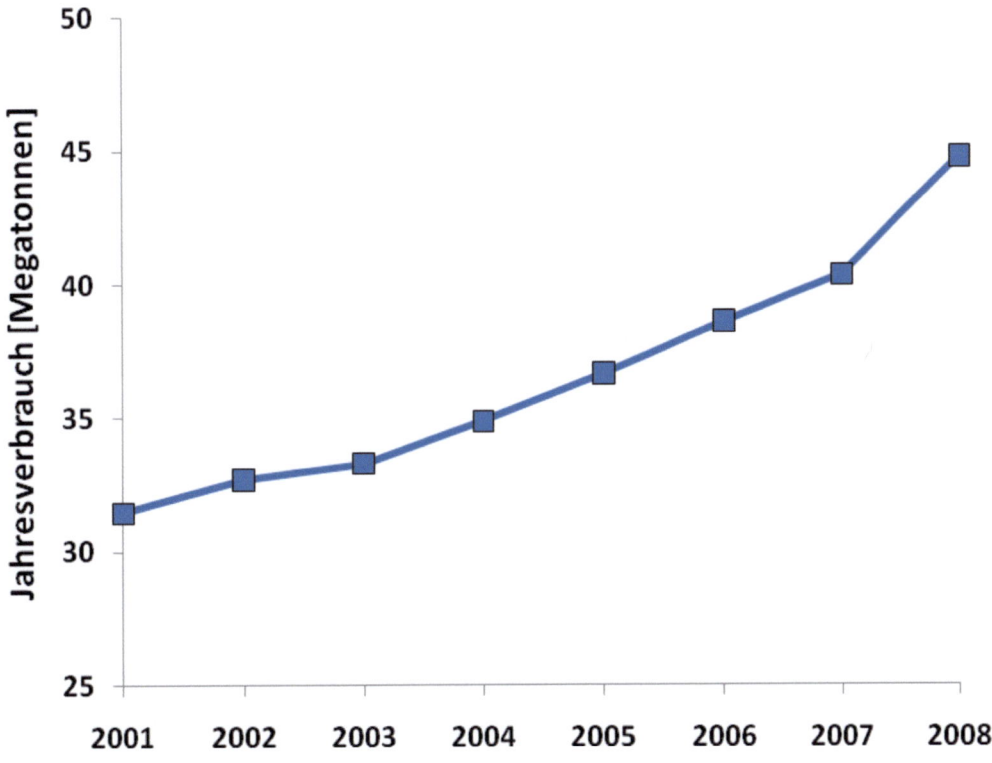

Abbildung 1-0-1: Entwicklung des jährlichen Verbrauchs an Methanol [1]

Die Produktion von Methanol erfolgt in der Regel durch Umsetzung von Synthesegas an Metallkatalysatoren. Der genaue Reaktionsmechanismus ist immer noch nicht abschließend geklärt. Es besteht zwar mittlerweile Einigkeit darüber, dass Methanol in erster Linie nicht aus CO, sondern aus CO_2 gebildet wird. Die zentralen Fragen wie das aktive Zentrum und die Synergien zwischen den Komponenten des

Katalysatorsystems werden jedoch noch immer diskutiert. [2] Angesichts dieser Lücken in der Kenntnis der katalytischen Wirkung und der großen wirtschaftlichen Bedeutung der Methanolherstellung besitzen Forschungen in diesem Bereich ein erhebliches Potential für Verbesserungen.

Die Simulation der Methanolsynthese aus Synthesegas wird heutzutage in der Regel mit Hilfe makrokinetischer Modelle realisiert. Mikrokinetische Modelle der Methanolsynthese befinden sich dagegen zurzeit erst im Entwicklungsstadium. Ziel der vorliegenden Diplomarbeit war es deshalb kinetische Daten zu gewinnen, basierend auf denen ein mikrokinetisches Modell der Methanolsynthese entwickelt werden kann. Hierfür wurden Messungen in einer Versuchsanlage für die Methanolsynthese durchgeführt.

Die untersuchten Katalysatoren waren ternäre Gemische aus den Oxiden von Kupfer, Zink und Aluminium. Das Kupferoxid wird mit Wasserstoff reduziert. $Cu/ZnO/Al_2O_3$-Katalysatoren stellen das am häufigsten in der industriellen Methanolproduktion eingesetzte Katalysatorsystem dar. Konsequenterweise erfolgten sämtliche Messungen mit $Cu/ZnO/Al_2O_3$-Katalysatoren.

In einem ersten Schritt wurde die für die Katalyse zur Verfügung stehende freie Kupferoberfläche der Katalysatoren mit Hilfe der Chemisorption von Lachgas bestimmt. In einem zweiten Schritt wurden Versuchsreihen zur Synthese von Methanol aus Synthesegas durchgeführt.

Im Rahmen der Messungen der Methanolsynthese sollte die Abhängigkeit der Reaktion von verschiedenen Prozessparametern untersucht werden. Die untersuchten Parameter waren die Reaktionstemperatur, der Druck sowie die massenbezogene Raumgeschwindigkeit des Synthesegases. Die zur Verfügung stehende Versuchsanlage erlaubte die Durchführung der Methanolsynthese im kleinen Maßstab mit schnellem Wechsel der Parameter, sowie zügige Wechsel der Katalysatorfüllungen. Neben den Auswirkungen auf die Aktivität wurde auch die Auswirkung der Reaktionsbedingungen auf die Stabilität der Katalysatoren untersucht.

Als zweites Ziel sollten verschiedene Verfahren zur Katalysatorsynthese bewertet werden. Die Kupferoberfläche der durch verschiedene Verfahren gewonnenen Katalysatoren wurde hierfür bestimmt, die Stabilität der Katalysatoren sowie ihre Aktivität für die Synthese von Methanol untersucht. Damit sollte überprüft werden, ob das konventionelle Batchverfahren für die Katalysatorsynthese durch den Einsatz von kontinuierlichen Verfahren verbessert werden kann. Insbesondere die Vorteile der Mikroverfahrenstechnik für die Katalysatorsynthese sollten auf diese Weise evaluiert werden.

2 Theoretischer Hintergrund

2.1 Methanol

Methanol ist eine farblose, brennbare Flüssigkeit mit einem charakteristischen Geruch. Es ist mit Wasser, Alkoholen, Ethern und einer Reihe weiterer organischer Lösungsmittel mischbar. Hauptverwendungszweck von Methanol ist die Synthese von Formaldehyd. Weitere wichtige Anwendungsgebiete sind die Synthese von tert.-Butylmethylether, tert.-Amylmethylether und Essigsäure. [1]

Erstmals hergestellt wurde Methanol 1661 von Robert Boyle durch trockene Destillation von Holz. Heutzutage wird Methanol in erster Linie durch katalytische Umsetzung von Synthesegas bei Drücken von 150 bis 300 bar und Temperaturen zwischen 300 °C und 400 °C gewonnen. Bei höheren Temperaturen kann es zur Bildung höherer Alkohole kommen. Alternativ kann Methanol auch durch Oxidation von Methan gewonnen werden. [3]

In den letzten Jahren hat auch die Gewinnung von Methanol aus Biomasse an Bedeutung gewonnen. Wird aus Biomasse Synthesegas gewonnen, so enthält dieses jedoch einen sehr hohen Kohlenstoffdioxidanteil. Um Kohlenstoffdioxid zu Methanol umsetzen zu können ist ein Verhältnis von Wasserstoff zu Kohlenstoffdioxid von 3:1 erforderlich. Im aus Biomasse gewonnen Synthesegas wird dieses Verhältnis unterschritten. Das überschüssige Kohlendioxid muss folglich entfernt oder zusätzlicher Wasserstoff zugegeben werden. [4]

2.2 Katalysatoren für die Methanolsynthese

Bis in die 1960er Jahre wurde die Methanolsynthese mit Zink/Chrom-Katalysatoren durchgeführt. Zink/Chrom-Katalysatoren weisen jedoch erst ab 350 °C eine signifikante Aktivität auf. Da die Methanolsynthese eine exotherme Reaktion ist, wird aus thermodynamischen Gründen eine möglichst niedrige Reaktionstemperatur angestrebt. 1966 wurden erstmals kupferbasierte Katalysatoren eingesetzt, welche bereits bei weit niedrigeren Temperaturen aktiv sind. Das Problem beim Einsatz von

Kupferkatalysatoren stellte bis dahin ihre hohe Anfälligkeit für Katalysatorgifte, wie Schwefel oder Halogene, dar. Erst als seit den 1960er Jahren Methoden zur weitgehend schwefelfreien Aufbereitung des Synthesegases verfügbar sind, lassen sich Kupferkatalysatoren großtechnisch einsetzen.

Neben Schwefel- und Halogenverbindungen haben noch eine Reihe weiterer im industriellen Synthesegas enthaltener Verbindungen eine vergiftende Wirkung auf Kupferkatalysatoren. Insbesondere Phosphin [5] und Arsin [6] bewirken eine erhebliche Deaktivierung der Katalysatoren. Methanolsynthesekatalysatoren sind dagegen kaum anfällig für Deaktivierung durch Coking. [7]

In der industriellen Methanolherstellung werden gegenwärtig überwiegend ternäre Katalysatoren auf Basis von $Cu/ZnO/Al_2O_3$ verwendet. [8] Die Kupferpartikel in industriellen Katalysatoren besitzen eine runde Form und eine Gauß'sche Größenverteilung mit einem Maximum bei 11 nm. Für die Zinkoxidpartikel liegt das Maximum bei etwa 7 nm. [9] Bei Reduktion bei Temperaturen über 450 K führt die Wechselwirkung zwischen Kupfer und Zinkoxid zur Bildung von Cu-Kristalliten mit einem Durchmesser von 4 nm. Diese sind von einer Monolage aus teilweise reduzierten ZnO_x-Spezies bedeckt. Dieser Effekt steigt mit zunehmender Reduktionstemperatur bis etwa 800 K. Temperaturen zwischen 800 K und 900 K führen zur Sublimation des bedeckenden ZnO_x. [10] Die katalytische Aktivität steigt mit zunehmender Bedeckung des Kupfers mit Zink, und erreicht ein Maximum bei $\theta_{Zn} = 0,19$. Der Abfall der Aktivität bei höheren Bedeckungen ist auf die eingeschränkte Zugänglichkeit des Kupfers durch die aufliegende ZnO_x-Schicht zu erklären. [11]

Zusätzlich zur Erhöhung der Aktivität des Kupfers wirkt Zinkoxid sehr effektiv bei der Begrenzung der Vergiftung der Kupferoberfläche. Durch die Bildung von Zinksulfid wird Schwefelwasserstoff gebunden und so einer Vergiftung der Kupferoberfläche vorgebeugt [12] (Gleichung 2-1):

$$ZnO_{(s)} + H_2S_{(g)} \rightarrow ZnS_{(s)} + H_2O_{(g)} \qquad \text{Gleichung 2-1}$$

Aluminium wird dem Katalysatorsystem zugegeben, um die Oberfläche und die mechanische Belastbarkeit zu erhöhen, sowie Sintern zu verhindern. [13] Es trägt jedoch nicht zur Erhöhung der Aktivität bei [14] und wirkt bei Anteilen größer 10 % sogar inhibierend auf die Synthese. [15] Außerdem behindert Aluminiumoxid die

Reduzierung des Kupfers. [16] Aus diesem Grund stellt es im Normalfall nur etwa zehn Prozent des Gesamtmetallanteils des Katalysatorsystems dar.

Neben Zink- und Aluminiumoxid finden teilweise auch weitere Metalloxide in Methanolsynthesekatalysatoren Verwendung. Mangan erhöht die Dispersion der Kupferpartikel und wirkt Sintern entgegen. [17] Auch Galliumoxid erhöht die Dispersion der Kupfer- und Zinkoxidpartikel und damit die Methanolausbeute [18]. Chrom [19] und Cer [20] können zu einer erhöhten Stabilität der Katalysatoren führen.

2.3 Katalysatorsynthese

Die Katalysatoren werden in der Regel in Fällungsreaktionen hergestellt. Aufgrund des hohen Grades an Flexibilität, der homogenen Verteilung der Komponenten und der Möglichkeit reine Stoffe zu erzeugen, ist sie eine der am häufigsten verwendeten Methoden zur Katalysatorherstellung. [21, 22] Hierbei werden die Nitrate von Kupfer, Zink und Aluminium durch die Carbonate von Alkalimetallen oder Ammonium ausgefällt. [23] Die Eigenschaften des gebildeten Katalysators sind dabei abhängig von verschiedenen Einflussfaktoren, wie pH-Wert, Temperatur, Konzentrationen, Lösungsmittel, Alterungsdauer, Rührgeschwindigkeit und Flussraten während Fällung und Nachbehandlung. [24] Die Fällung wird in der Regel in einem Temperaturbereich von 60 °C [25] bis 70 °C [26] ausgeführt.

Nach Alterung und Waschen der entstehenden Hydroxide werden diese durch Kalzinierung bei Temperaturen zwischen 300 °C und 500 °C in die entsprechenden Oxide umgewandelt. Der fertige Katalysator wird durch Reduzierung des Kupferoxids unter Wasserstoffatmosphäre gewonnen. [27]

In konventionellen Batch-Reaktoren können erhebliche Konzentrationsgradienten auftreten. In Bereichen in denen die beiden Ausgangslösungen aufeinander treffen entstehen so erhebliche Übersättigungen, während in großen Teilen des Reaktors keinerlei Übersättigung und damit Ausfall der Fällungsprodukte auftritt. Durch intensives Rühren lassen sich diese Ungleichverteilungen zwar abbauen, jedoch nicht gänzlich vermeiden. In Folge dessen besitzt der entstehende Katalysator auch nur eine eingeschränkte Homogenität. [28] Um ein definiertes Produkt zu erhalten, bietet sich eine kontinuierliche Synthese in mikrostrukturierten Anlagen an. [22]

Aufgrund des geringen Volumens und der turbulenten Durchmischung im Mischbereich werden lokale Konzentrationsunterschiede in kürzester Zeit abgebaut. Auf diese Weise lässt sich ein deutlich einheitlicheres Produkt gewinnen. [29] Des Weiteren ist durch Parallelschaltung mehrerer mikrostrukturierter Bauelementente ein Scale-Up des mikroverfahrenstechnischen Prozesses verhältnismäßig leicht zu bewerkstelligen. [30]

Bei der Fällung in mikrostrukturierten Anlagen können sich jedoch die entstehenden festen Produkte als Problem auswirken. Diese können sich in der Mikrostruktur ablagern und dabei das Strömungsverhalten nachteilig beeinflussen, was bis hin zu einer völligen Blockade reichen kann. [31] Als Lösung hierfür wurden sogenannte Ventilmikromischer entwickelt (Abbildung 2-1). Diese sind mit einem Rückschlagventil unmittelbar vor der Mischzone ausgestattet, welches das Eindringen des jeweils anderen Eduktfluids in die zuführende Leitung verhindert. Auf diese Weise wird sichergestellt, dass die Bildung von Feststoffen erst in der eigentlichen Mischzone erfolgt. Dementsprechend sind Ventilmikromischer für den Dauerbetrieb mit Fällungsreaktionen geeignet.

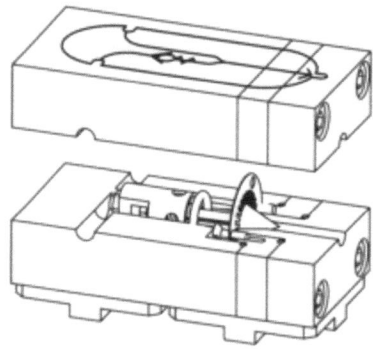

Abbildung 2-0-1: Ventilmischer [32]

Viele charakteristische Eigenschaften des Katalysators, wie die verfügbare Oberfläche, hängen nicht nur von der Korngröße, sondern auch von der Porosität ab. Da Natriumnitrat die Porenbildung fördert, kann der Waschvorgang erheblichen Einfluss auf die Porosität und damit auf die Eigenschaften des Katalysators haben. [22, 33] *Zhang et al.* [34] berichten, dass Waschen mit Ethanol zu einer Erhöhung der Kupferoberfläche führen kann.

Neben der Co-Fällungsmethode sind alternative Synthesemethoden wie die Synthese im Flammenreaktoren Gegenstand der Forschung. Bisher hat diese Methode jedoch noch nicht den Sprung über den Labormaßstab hinaus geschafft. [35] Die Imprägnierung von Aluminiumoxid mit Kupfer und Zink stellt eine weitere Methode der Katalysatorsynthese dar. Mit der Co-Fällungsmethode hergestellte Katalysatoren besitzen jedoch eine weit höhere Aktivität. [36]

2.4 Reaktionsmechanismus

Die Synthese von Methanol verläuft über die Co-Adsorption von Wasserstoff und Kohlenstoffdioxid unter Bildung von Formiat. Die anschließende Hydrogenolyse der Formiatspezies (Gleichung 2-5) stellt den geschwindigkeitsbestimmenden Schritt dar. [37]

Ein vereinfachtes Schema der Elementarschritte dieser Reaktion ist im Folgenden aufgeführt [38]:

$$CO_2 \rightleftharpoons CO_{2,ads} \qquad \text{Gleichung 2-2}$$
$$H_2 \rightleftharpoons 2\,H_{ads} \qquad \text{Gleichung 2-3}$$
$$CO_{2,ads} + H_{ads} \rightleftharpoons HCOO_{ads} \qquad \text{Gleichung 2-4}$$
$$HCOO_{ads} + 3\,H_{ads} \rightleftharpoons CH_3OH + O_{ads} \qquad \text{Gleichung 2-5}$$
$$CO + O_{ads} \rightleftharpoons CO_2 \qquad \text{Gleichung 2-6}$$
$$H_2 + O_{ads} \rightleftharpoons H_2O \qquad \text{Gleichung 2-7}$$

Methanol wird in erster Linie aus Kohlenstoffdioxid gebildet. Kohlenstoffmonoxid spielt dagegen nur eine untergeordnete Rolle bei der Methanolsynthese. Aus Kohlenstoffmonoxid wird jedoch Kohlenstoffdioxid nachgebildet (Gleichung 2-6). [Fehler! Textmarke nicht definiert.]

Kupfer stellt die katalytisch aktive Komponente des ternären Systems dar. Auch reines Kupfer katalysiert bereits die Synthese von Methanol. Die katalytische Aktivität steigt jedoch signifikant durch die Zugabe von Zinkoxid an. Zinkoxid selbst besitzt dagegen nur vernachlässigbare Methanolsyntheseaktivität. [39] Über die Ursache der erhöhten Aktivität besteht nach wie vor Uneinigkeit. *Fujitani et al.* [11] schreiben die erhöhte Aktivität durch Zink erzeugten Zentren zu, welche den Formylübergangs-zustand stabilisieren (Gleichung 2-5). Die Bildung der Formyl-spezies erfolgt auf Kupfer. Es schließt sich jedoch eine Wanderung zu den Zinkzentren an auf denen die Hydrogenierung zu Methanol geschieht. Laut *Li et al.* [40] und *Nakamura et al.* [41] führt die Anwesenheit von Zink zur Bildung von Cu^+, welches als zusätzliches aktives Zentrum fungiert. Im Gegensatz dazu kommen Rasmussen et al. [42] zu dem Schluss, dass keine Cu^+-Zentren existieren.

Nach *Hu et al.* [43] geschieht die Bildung der Formiatspezies über eine anionische CO_2^--Spezies. Die Formiatspezies wird zunächst mit einem Co-adsorbierten Was-serstoff zu Dioxomethylen umgesetzt. Das Dioxomethylen wird anschließend weiter zu adsorbiertem Formaldehyd umgesetzt, das zu Methanol hydrogeniert wird (Gleichung 2-5).

Die Bildung der Formiatspezies erfolgt dabei ausschließlich auf der Kupferoberflä-che. Durch die Anwesenheit von Zink wird jedoch die Hydrogenierung der Formi-atspezies beschleunigt. [44]

2.5 Bestimmung der Kupferoberfläche

Eine effektive und genaue Methode zur Bestimmung der freien Kupferoberfläche ist die reaktive Frontalchromatographie (RFC) mit Lachgas. [45] Hierzu wird der reduzier-te Katalysator mit einem definierten Strom eines Gemisches aus Helium und Lach-gas durchströmt. Das Lachgas adsorbiert gemäß Gleichung 2-8 auf der Kupferober-fläche und oxidiert diese. Der entstehende Stickstoff desorbiert anschließend und kann im Massenspektrometer detektiert werden:

$$N_2O_{(g)} + 2\ Cu_{(s)} \rightarrow N_{2(g)} + (Cu\text{-}O\text{-}Cu)_{(s)} \qquad\qquad \text{Gleichung 2-8}$$

Da das Lachgas stöchiometrisch mit dem Oberflächenkupfer reagiert, kann die entstandene Stickstoffmenge als proportional zur Kupferoberfläche betrachtet werden. Zwei Kupferatome binden jeweils ein Sauerstoffatom, dementsprechend hat das Verhältnis von Oberflächenkupferatomen zu Stickstoffmolekülen einen Wert von 2:1. [46] Durch Integration der Stickstoffkonzentration über die Zeit und anschließende Multiplikation mit dem Gasvolumenstrom und dem molaren Volumen kann die Stickstoffmenge bestimmt werden (Abbildung 2-2).

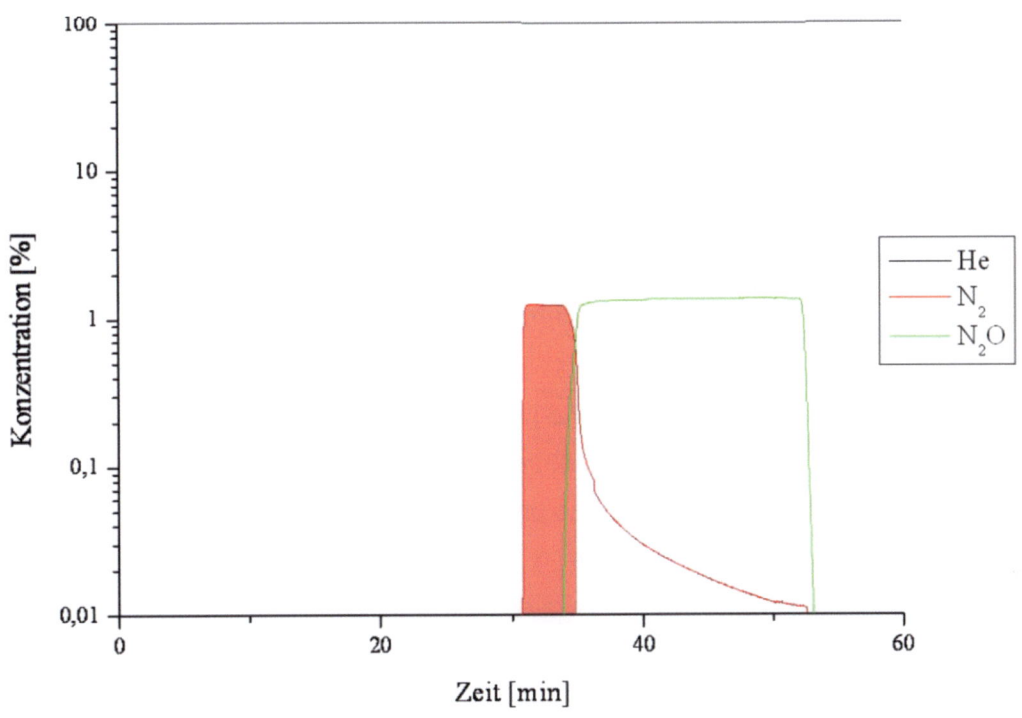

Abbildung 2-0-2: Verlauf der Konzentrationen während einer RFC-Messung

Vor der Umsetzung des Lachgases an der Katalysatoroberfläche wird der Reaktor für etwa 30 Minuten mit Helium gespült, um Adsorbate zu entfernen. Statt reinem Lachgas wurde einprozentiges Lachgas in Helium eingesetzt. Nach 20 Minuten wurde wieder auf Spülen der Anlage mit reinem Helium umgeschaltet.

Die Anzahl der Kupferatome pro Flächeneinheit hängt von der kristallographischen Ebene ab. So weist die (111) Ebene mit $1,77 \cdot 10^{19}$ m^{-2} die höchste Atomdichte auf, während die (110) Ebene mit $1,08 \cdot 10^{19}$ m^{-2} die niedrigste aufweist. Die (100) Ebene besitzt eine Atomdichte von $1,53 \cdot 10^{19}$ m^{-2}. Unter der Annahme, dass alle drei Ebenen gleich häufig vertreten sind, kann jedoch eine mittlere Anzahl von Kupferatomen pro Flächeneinheit bestimmt werden, die sich zu $1,46 \cdot 10^{19}$ m^{-2} ergibt. [47] Jedes Oberflächenkupferatom nimmt damit im Schnitt eine Fläche von $6,85 \cdot 10^{-20}$ m^2 ein.

Die freie Kupferoberfläche S_{Cu} lässt sich dementsprechend gemäß Gleichung 2-9 berechnen:

$$S_{Cu} = \frac{z \cdot N_A \cdot \dot{V}_{N_2O/He} \cdot A_{N_2}}{m_{Kat} \cdot V_m \cdot \sigma_{Cu} \cdot 100}$$

Gleichung 2-9

mit z Stöchiometriefaktor

          N_A Avogadro-Konstante

          $\dot{V}_{N_2O/He}$ Volumenstrom des Helium/Lachgasgemisches

          A_{N_2} Fläche unter der Stickstoffkurve in Vol-% / Zeiteinheit

          m_{Kat} eingewogene Katalysatormasse

          V_m molares Volumen

          σ_{Cu} Kupferatome pro Flächeneinheit

Für den Stöchiometriefaktor ergibt sich aus Gleichung 2-8 ein Wert von 2. [2] Die auf diese Weise ermittelte Kupferoberfläche kann als identisch mit der katalytisch aktiven Kupferoberfläche angesehen werden. [48]

Hinrichsen et al [49] konnte zeigen, dass die Frontalchromatographie mit Lachgas auf demselben Katalysator wiederholt werden kann, ohne dass eine Veränderung der Kupferoberfläche auftritt. Temperaturprogrammierte Desorption von Wasserstoff (H_2-TPD) vor und nach der N_2O-Frontalchromatographie bestätigt dieses Ergebnis. Die gemessene Oberfläche des reduzierten Kupfers ist deutlich kleiner als die Oberfläche des Kupferoxids vor der Reduktion. [46]

Ein Problem der RFC ist, dass durch das Lachgas nicht nur Kupferatome an der Oberfläche oxidiert werden. Um Oxidation tieferer Kupferlagen nicht mit in die Oberflächenberechnung mit einzubeziehen wird für die Auswertung lediglich die Stickstoffmenge berücksichtigt, die bis zum Durchbruch der Lachgasfront auftritt. Hierfür werden in der Literatur verschiedene Kriterien diskutiert. Sowohl der Schnittpunkt von Stickstoff- und Lachgaskonzentration [2] als auch das Erreichen des Sollwertes von 1% durch das Lachgas [49] werden vorgeschlagen. In der vorliegenden Arbeit wurde der Schnittpunkt der Konzentrationen als Abbruchkriterium verwendet.

Sowohl *Dell et al.* [48] als auch *Osinga et al.* [45] empfehlen die Messung bei Raumtemperatur durchzuführen, um Tiefenoxidation zu vermeiden. *Evans et al.* [47] vertreten hingegen die Auffassung, dass bei Temperaturen bis etwa 90 °C Tiefenoxidation vernachlässigbar ist.

2.6 Physikalisch-chemische Grenzen der Methanolbildung

Methanol wird aus Synthesegas gemäß Gleichungen 2-10 und 2-11 gebildet [38]:

$CO_2 + 3\,H_2$	$\rightleftharpoons$	$CH_3OH + H_2O$	Gleichung 2-10
$CO + 2\,H_2$	$\rightleftharpoons$	CH_3OH	Gleichung 2-11

Die Ausbeute an Methanol wird dabei von der Reaktionsgeschwindigkeit und dem Gleichgewicht beeinflusst. Welcher der beiden Einflussfaktoren limitierend ist hängt von verschiedenen Prozessparametern wie Temperatur und Druck ab.

Die Geschwindigkeitskonstante k der Reaktion als Funktion der Temperatur kann nach Arrhenius mit Gleichung 2-12 beschrieben werden [50]:

$$k = A \cdot e^{-E_a/R \cdot T} \qquad\qquad \text{Gleichung 2-12}$$

mit   A   Frequenzfaktor

          E_a Aktivierungsenergie

          R   allgemeine Gaskonstante

          T   Temperatur

Die Reaktionsgeschwindigkeit nimmt also exponentiell mit steigender Temperatur zu. Daraus ergibt sich, dass bei niedrigen Temperaturen die Kinetik limitierend wirkt. Man spricht vom kinetischen Regime.

Die Standardreaktionsenthalpie für die Bildung von Methanol aus Kohlenstoffdioxid beträgt –49,49 kJ/mol, für die Bildung aus Kohlenstoffmonoxid –90,6 kJ/mol [51]. Die

Methanolsynthese stellt also eine exotherme Reaktion dar. Das Gleichgewicht einer exothermen Reaktion verlagert sich mit steigender Temperatur auf die Seite der Edukte. Dementsprechend nähert sich das System bei hohen Temperaturen dem Gleichgewicht an, wodurch die Methanolbildung eingeschränkt wird. [52] Man spricht von thermodynamischem Regime.

Neben der Temperatur hat auch der Druck Einfluss darauf welches Regime herrscht. Die Methanolsynthese erfolgt, wie aus Gleichung 2-10 und 2-11 ersichtlich, unter Volumenabnahme. Bei Reaktionen mit Volumenabnahme verschiebt sich das Gleichgewicht mit steigendem Druck zu den Produkten hin. Aus diesem Grund beginnt das Gleichgewicht bei höherem Druck erst bei deutlich höheren Temperaturen limitierend zu werden. [53]

3 Experimentelle Grundlagen

3.1 Versuchsaufbau

Der Versuchsaufbau gliedert sich in die drei Teile Gasversorgung, Methanolsynthe-se und Produktgasanalytik. Ein Fließbild der FAST-Methanolsyntheseanlage ist in Abbildung 3-1 zu sehen.

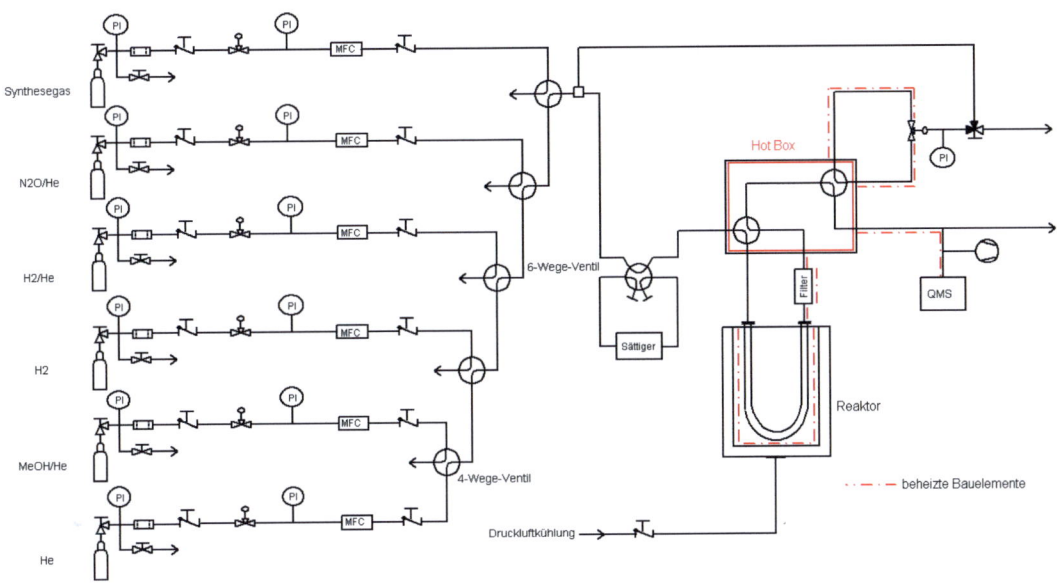

Abbildung 3-0-1: Fließbild der FAST-Methanolsyntheseanlage

Die Anlage erlaubt in ihrer Grundform wahlweise eines von sechs angeschlossenen Gasen in das System einzuleiten. Der Gasvolumenstrom kann durch Massendurch-flussregler (MFC) eingestellt werden. Da die MFCs auch bei Setpoint Null nicht vollständig absperren, wurden nach den Gasflaschen beziehungsweise den MFCs Absperrventile eingebaut. Mittels Vier-Wege-Ventilen wird geregelt, ob der jeweilige Gasstrom in die Anlage oder in das Abgassystem geleitet werden soll.

Durch ein Vier-Wege-Ventil kann der Gasstrom durch den Reaktor geleitet oder ein Bypass des Reaktors bewirkt werden. Die Temperatur des Reaktors kann über eine Temperaturregelung kontrolliert werden. Durch Öffnen des Ventils kann Druckluft durch den Reaktorblock geleitet und der Reaktor gekühlt werden. Mit Hilfe des Vier-

Wege-Ventils kann die Drucksteuerung aktiviert oder ebenfalls ein Bypass einge-stellt werden.

Die Analyse des Produktgasstroms erfolgt über ein Quadrupol-Massenspektrometer. Um dieses auf Wasser kalibrieren zu können, wurde ein Sättiger eingebaut, der über das Ventil geschaltet werden kann. Für die Kalibrierung wird Helium durch den Sättiger geleitet, das sich mit Waser aufsättigt. Als Temperatur wurde 0 °C gewählt, um ein Auskondensieren des Wassers in den folgenden, wärmeren Teilen der Anlage zu verhindern.

Um nicht nur die jeweils angeschlossenen Gase verwenden zu können, sondern auch Gemische aus diesen, wurde ein Gasmischer eingebaut. Werden die entspre-chenden Vier-Wege-Ventile so geschaltet, dass der Gasstrom in die Abgasleitung geführt wird, kann er Drei-Wege-Hähnen in ein Manifold gelenkt werden. Ausgehend vom Manifold wird der Gasstrom weiter in die Anlage geleitet. In das Manifold können so bis zu fünf einzelne Gasströme gleichzeitig eingeleitet werden. Durch die Regelung der Gasströme mit Hilfe der MFCs lassen sich so definierte Gasgemische erzeugen.

3.2 Vorbehandlung des Katalysators

3.2.1 Einwaage und Einbau in Anlage

Die zu untersuchenden Katalysatoren wurden gemörsert und anschließend gesiebt. Die Siebfraktion zwischen 250 und 355 μm wurde für die Messungen verwendet. Die Siebfraktion kleiner 250 μm wurde mit einem Druck von 5 Tonnen gepresst und anschließend neu gemörsert.

In den Reaktor wurde zunächst Quarzglaswolle eingeführt, um die Katalysatorschüt-tung zu fixieren und ein späteres Austragen zu verhindern. Anschließend wurde eine Katalysatormasse von 200 mg eingewogen und in den Reaktor eingefüllt. Eine weitere Lage Quarzglaswolle sicherte die Schüttung gegen Verrutschen. (Abbildung 3-2)

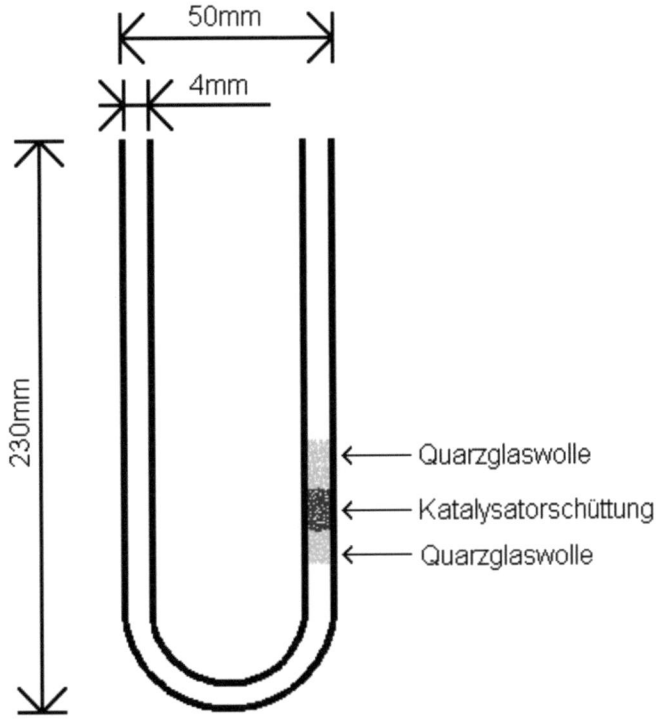

50mm

4mm

230mm

Quarzglaswolle

Katalysatorschüttung

Quarzglaswolle

Abbildung 3-0-2: Einbau des Katalysators in den U-Rohrreaktor der FAST-Methanolsyntheseanlage

3.2.2 Reduzierung des Katalysators

Vor Einleitung der Reduktion werden Anlage und Reaktor mit Helium gespült, um Adsorbate auf Katalysator und Bauteilen zu entfernen. In einem ersten Reduktions-schritt wird mit einem Helium/Wasserstoffgemisch (H_2-Anteil: 2 %) gearbeitet. Daran schließt sich Reduktion mit reinem Wasserstoff an. Bei der Reduktion ist darauf zu achten, dass keine zu hohe Temperatur gewählt wird, um eine teilweise Reduktion des Zinkoxids zu vermeiden. Als Höchsttemperatur wurde daher 240 °C verwendet. Um stationäre Bedingungen sicherzustellen und adsorbiertes Wasser zu entfernen wird nach dem eigentlichen Reduktionsschritt mit Helium gespült. Eine genaue Beschreibung des Reduktionsprogramms kann Tabelle 3-1 entnommen werden. [54]

Tabelle 3-0-1: Programm für die Reduktion des Katalysators

	Gas	Volumenstrom	Temperatur	Dauer	Beschreibung
1	Helium	30 ml/min	Raumtemperatur	20 min	Spülen der Anlage
2	Helium	30 ml/min	Raumtemperatur	180 min	Spülen des Reaktors
3	Helium Wasserstoff	10 ml/min	mit Heizrate 1 K/min auf 175 °C	900 min	Reduktion
4	Wasserstoff	10 ml/min	mit Heizrate 1 K/min 240 °C	100 min	Reduktion
5	Helium	20 ml/min	240 °C	30 min	Spülen des Reaktors
6	Helium	20 ml/min	mit Kühlrate 1 K/min auf Raumtemperatur	240 min	Spülen des Reaktors

3.3 Methanolsynthese

Vor der Synthese wurde der Reaktor für 10 min mit Helium gespült. Für die Methanolsynthese wurde fertiges Synthesegas oder im Gasmischer aus verschiedenen Reinstgasen hergestelltes Synthesegas verwendet. Es wurden verschiedene Synthesegasvolumenströme gewählt. Für kinetische Untersuchungen wurden Volumenstrom zwischen 22 Nml/min und 78 Nml/min eingestellt. Bei Untersuchungen am thermodynamischen Gleichgewicht wurde der Volumenstrom auf 8 Nml/min gesenkt, um eine Einstellung des Gleichgewichts zu ermöglichen. Die Temperatur wurde mit einer Heizrate von 1 K/min auf die gewünschte Temperatur erhöht.

Da das Synthesegas selbst bereits eine hohe Wasserstoffkonzentration aufweist und die Synthese bei Temperaturen größer 200 °C durchgeführt wird, ist eine gesonderte Reduzierung des Katalysators vor der Synthese nicht zwingend erforderlich. Dennoch wurden vor einigen Syntheseschritten gesonderte Reduzierungen vorgenommen, um mit steigender Temperatur die Einflüsse von Temperatur und Reduzierung der Oberfläche getrennt beobachten zu können.

3.4 Quadrupol-Massenspektrometer

Die Analyse des Produktgasstroms erfolgt mit Hilfe eines Quadrupol-Massenspektrometers der Firma Pfeiffer Vakuum (Modell: GSD 301 O3).

Die Erzeugung der Ionen erfolgt durch Elektronenstoß-Ionisation. Die Trennung der Ionen nach ihrem Masse/Ladungs-Verhältnis erfolgt durch einen Quadrupol. Dieser besteht aus vier zylindrischen Metallstäben, welche paarweise als Elektroden dienen. An die Paare ist eine Gleichspannung angelegt, so dass je zwei positiv und zwei negativ geladen sind. Diese Gleichspannung wird durch eine Wechselspannung überlagert. Im Inneren der Stäbe ergibt sich damit nur für ein einziges, von der Wechselspannung abhängiges Masse/Ladungsverhältnis eine stabile, oszillierende Flugbahn. Alle anderen Ionen werden durch Kollision mit den Stäben neutralisiert. [55] Die aufgetrennten Ionen werden durch einen Sekundärelektronenvervielfältiger detektiert. Darin treffen die Ionen auf eine Dynode und schlagen dort Elektronen heraus. Diese Elektronen werden zur nächsten Dynode beschleunigt und schlagen dort weitere Elektronen heraus. Dieser Vorgang wird wiederholt und dadurch eine Signalverstärkung erreicht.

Quadrupol-Massenspektrometer eignen sich besonders für leichte Ionen mit Massen kleiner 300 amu. Da die schwersten, zu analysierenden Bestandteile eine Masse von lediglich 44 amu (CO_2 und N_2O) besitzen, lässt sich das Quadrupol-Massenspektrometer gut für die Untersuchung der Methanolsynthese einsetzen. Ein weiterer Vorteil liegt in der hohen Geschwindigkeit der Analyse, wodurch es sich besonders für dynamische Messungen anbietet. [56]

Das Massenspektrometer muss für jedes zu analysierende Gas kalibriert werden, um quantitative Messungen durchführen zu können. Hierfür werden die jeweiligen Gase, verdünnt in Helium, analysiert und auf diese Weise durch die Software die Kalibrierungsfaktoren bestimmt. Da außer für Wasserstoff, Lachgas und Methanol keine fertigen binären Gemische mit Helium zur Verfügung standen, mussten mit Hilfe des Gasmischers Gemische aus den Reinstgasen erzeugt werden. In vorgemischtem Synthesegas befinden sich sowohl Kohlenstoffmonoxid als auch Kohlenstoffdioxid. Kohlenstoffmonoxid entsteht bei der Elektronenstoßionisation im Massenspektrometer als Fragment von Kohlenstoffdioxid. Eine eindeutige Zuordnung der Masse 28 amu zu originärem Kohlenstoffmonoxid oder Kohlenstoffdioxidfragmenten ist damit nicht möglich. Daher eignet sich Synthesegas nicht für die Kalibrierung, da hierin die einzelnen Komponenten nicht eindeutig einem Gas zugeordnet werden können.

4 Ergebnisse und Diskussion

4.1. Verfahrenstechnische Charakteristika der Anlage

4.1.1 Durchmischung im Gasmischer

Um aus verschiedenen Reinstgasen Gasgemische herzustellen wurde ein Gasmi-scher eingebaut. Damit mit diesen Gasgemischen gearbeitet werden kann, muss eine vollständige Durchmischung angenommen werden können. Beim Vorliegen turbulenter Strömung kann diese Annahme getroffen werden. Hierfür müssten Reynoldszahlen größer einer kritischen Reynoldszahl $Re_{krit} = 2300$ erreicht werden. Die Reynoldszahl ist definiert als

$$Re = \frac{\rho \cdot v \cdot d}{\eta}.$$

Gleichung 4-1

Eine Umformung auf Rohrströmungen ergibt

$$Re_{Rohr} = \frac{4 \cdot \rho \cdot \dot{V}}{\eta \cdot \pi \cdot d}.$$

Gleichung 4-2

Die verwendeten Rohleitungen weisen einen Innendurchmesser von 2,1 mm auf. Für die Berechnung der Reynoldszahlen wurden gerade Rohrleitungen ohne Totzo-nen und turbulenzerzeugende Bauelemente angenommen. Basierend auf Stoffdaten von Synowietz [57] beziehungsweise Lechner [58] ergeben sich damit für die einzelnen Gase Reynoldszahlen, die exemplarisch in Tabelle 4-1 dargestellt sind.

Tabelle 4-0-1:Reynoldszahlen für verschiedene Gase und Volumenströme

Volumenstrom [ml/min]	He	H₂	N₂	N₂O	CO₂	CO	Ar
10	5	9	7	14	14	7	8
20	10	17	14	27	27	14	16
30	16	26	22	41	41	21	24
40	21	35	29	55	55	29	32
50	26	44	36	68	68	36	41
60	31	52	43	82	82	43	49
70	36	61	51	96	96	50	57
80	41	70	58	110	109	57	65
90	47	79	65	123	123	64	73
100	52	87	72	137	137	71	81

Die Reynoldszahlen in den Rohrleitungen nehmen abhängig von Gasart und Volumenstrom Werte zwischen 5 und 137 an. Es liegt also laminares Strömungsverhalten vor. Eine konvektive Durchmischung der verschiedenen Komponenten eines Gasgemisches darf folglich nicht vorausgesetzt werden.

Neben Konvektion kann Mischung auch durch Diffusion erreicht werden. Zur Überprüfung der vollständigen Durchmischung wurden von Mornhinweg [59] Berechnungen mit dem Programm Comsol Multiphysics durchgeführt. In Abbildung 4-1 ist eine Visualisierung der Durchmischung von Wasserstoff (rot) und Kohlenstoffdioxid (blau) in den ersten 50 cm der Rohrleitung dargestellt. Dabei wurde für die beiden Gase ein Volumenstrom von jeweils 20 ml/min angenommen. Es wurde mit einem Druck von 1 bar und einer Temperatur von 25 °C gerechnet.

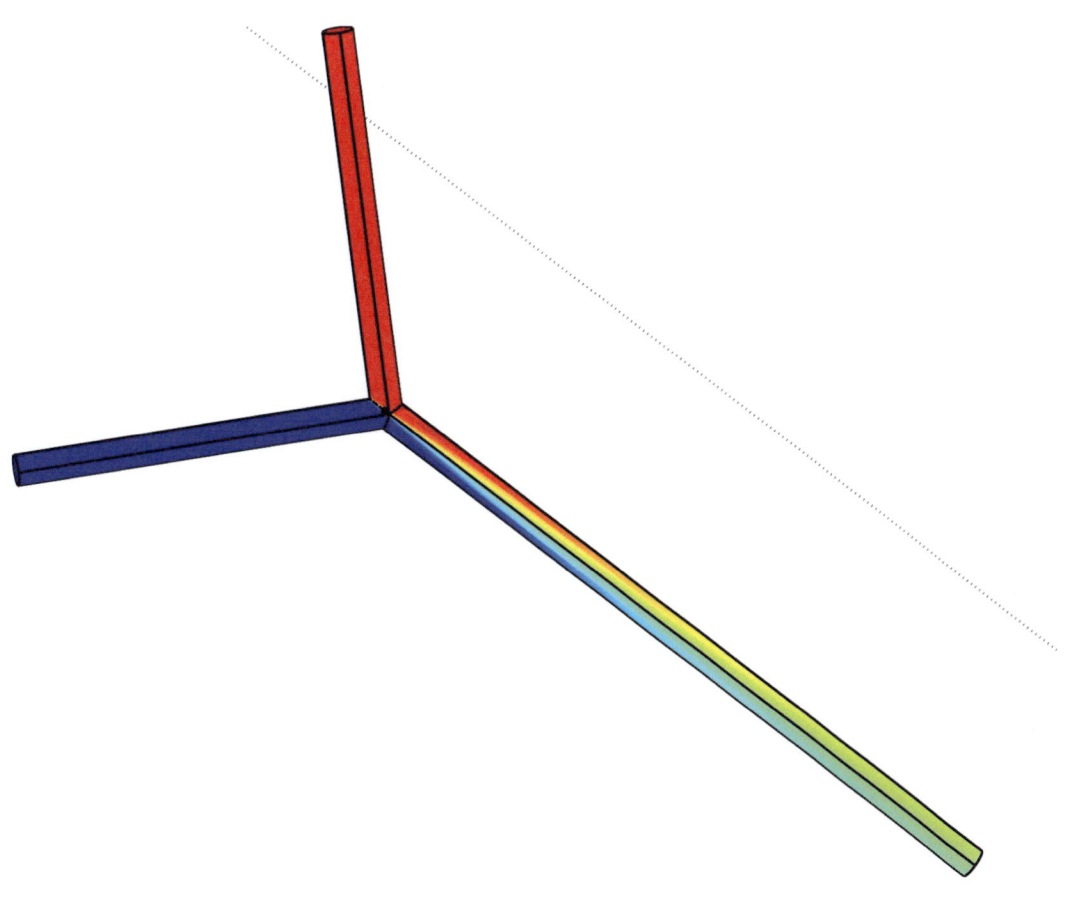

Abbildung 4-0-1: Durchmischung der Gase in der Rohrleitung

Auf den ersten 50 cm der Rohrleitung wird bereits weitgehende Durchmischung erreicht. So beträgt die Maximalkonzentration einer Komponente auf einer Seite des Rohrquerschnitts dort weniger als 60 %. Bei einer Länge der Rohrleitung von 1,5 m zwischen Gasmischer und Reaktoreingang kann damit eine vollständige Durchmischung der Komponenten angenommen werden. Der Einbau eines Statikmischers ist demnach nicht nötig.

Bei Messungen der Zusammensetzungen im Massenspektrometer von im Gasmischer erzeugten Gemischen ergaben sich auch bei hoher Frequenz der einzelnen Messungen keine zeitlichen Schwankungen. Dies bestätigt die Annahme vollständiger Durchmischung.

4.1.2 Verweilzeitverhalten

Um das Verweilzeitverhalten in der Anlage genauer zu untersuchen wurden Sprung-experimente durchgeführt. Dazu wurde zu einem definierten Zeitpunkt von Helium auf Wasserstoff umgeschaltet und die Konzentration im Massenspektrometer gemessen. Der Reaktor war während dieser Experimente mit 200 mg Katalysator gefüllt. Alle Versuche fanden bei einem Druck von 1 bar statt. Abhängig vom einge-stellten Gasvolumenstrom ergaben sich verschiedene, in Abbildung 4-2 dargestellte, Verweilzeitsummenkurven.

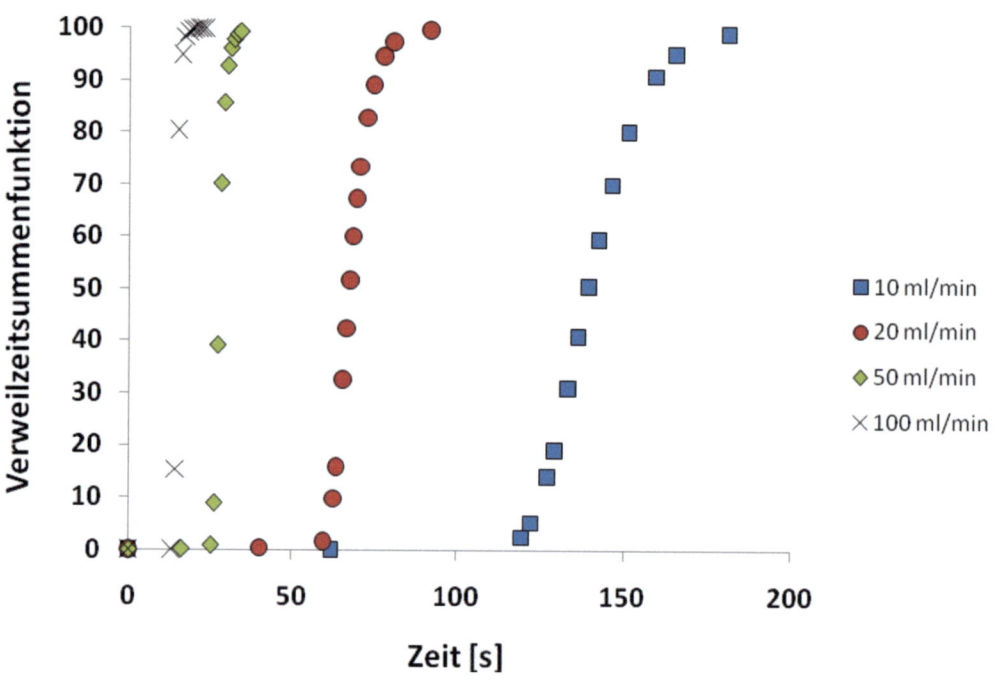

Abbildung 4-0-2: Verweilzeitsummenkurven

Aus den vorliegenden Daten kann die mittlere Verweilzeit τ berechnet werden, die definiert ist als [60]

$$\tau = \int_0^\infty E(t) \cdot t \cdot dt \,.$$

Gleichung 4-3

34

Da für das Verweilzeitspektrum E(t) keine bekannte, integrierbare Funktion vorliegt, muss basierend auf diskreten Messwerten genähert werden. Die betrachteten Zeitintervalle Δt sollten dabei möglichst klein gehalten werden, um eine hohe Präzision der Messung zu gewährleisten. Für diskrete Werte lässt sich die mittlere Verweilzeit mit

$$\tau = \sum_i E_i \cdot t_i \cdot (t_i) \cdot \Delta t \qquad\qquad \text{Gleichung 4-4}$$

beziehungsweise durch Umformung zu

$$\tau = \sum_i t_i \cdot \Delta F_i \qquad\qquad \text{Gleichung 4-5}$$

aus der Verweilzeitsummenfunktion F beziehungsweise der diskretisierten Verweilzeitsummenfunktion ΔF berechnen.

Für einen Gasvolumenstrom von 10 Nml/min ergibt sich damit eine mittlere Verweilzeit von 135,0 s. Bei einem Volumenstrom von 20 Nml/min sinkt diese auf 68,9 s, bei 50 Nml/min beträgt sie 27,8 s und hat bei 100 Nml/min nur noch einen Wert von 15,2 s.

Für die Verweilzeitspektren lassen sich Varianzen angeben. Diese können mit

$$\sigma^2 = \int_0^\infty E(t) \cdot (t - \tau)^2 \cdot dt \; . \qquad\qquad \text{Gleichung 4-6}$$

berechnet werden.

Die Varianzen der Verweilzeiten nehmen mit steigendem Volumenstrom stark ab. Für einen Gasvolumenstrom von 10 Nml/min ergibt sich eine mittlere quadratische Abweichung von 236,9 s². Bei einem Volumenstrom von 20 Nml/min sinkt diese auf 37,4 s², bei 50 Nml/min beträgt sie nur noch 2,4 s² und bei 100 Nml/min besteht lediglich eine Varianz von 0,7 s². Bei hohen Volumenströmen kann die Strömung also in erster Näherung durch eine Kolbenströmung modelliert werden. Bei Volumenströmen kleiner 50 ml/min steigt die Varianz relativ zur mittleren Verweilzeit so stark an, dass eine solche Näherung nicht mehr sinnvoll ist.

4.1.3 Grenzen der Temperaturregelung

Die Zieltemperaturen wurden in der Regel über Temperaturrampen angefahren. Dabei wurde der momentane Set-Point der Temperaturregelung je nach eingestellter Heiz- beziehungsweise Kühlrate verändert bis die eingestellte Endtemperatur erreicht war. Beim Aufheizen im verwendeten Temperaturbereich stellte die maximale Heizleistung dabei keine Einschränkung dar, da mit dieser ein Temperaturanstieg deutlich höher als die maximal einstellbaren 20 °C/min erreichbar war.

Beim Abkühlen war hingegen auch mit eingeschalteter Druckluftkühlung nur eine maximale Kühlrate deutlich kleiner als die maximal einstellbaren 20 °C/min realisierbar. In Abbildung 4-3 ist der Temperaturverlauf im Reaktor für maximale Kühlleistung ohne zusätzliche Temperaturregelung dargestellt. Der Reaktor war dabei mit 200 mg Katalysator gefüllt und von einem Volumenstrom von 20 ml/min Helium durchströmt. Die Umgebungstemperatur betrug 23 °C.

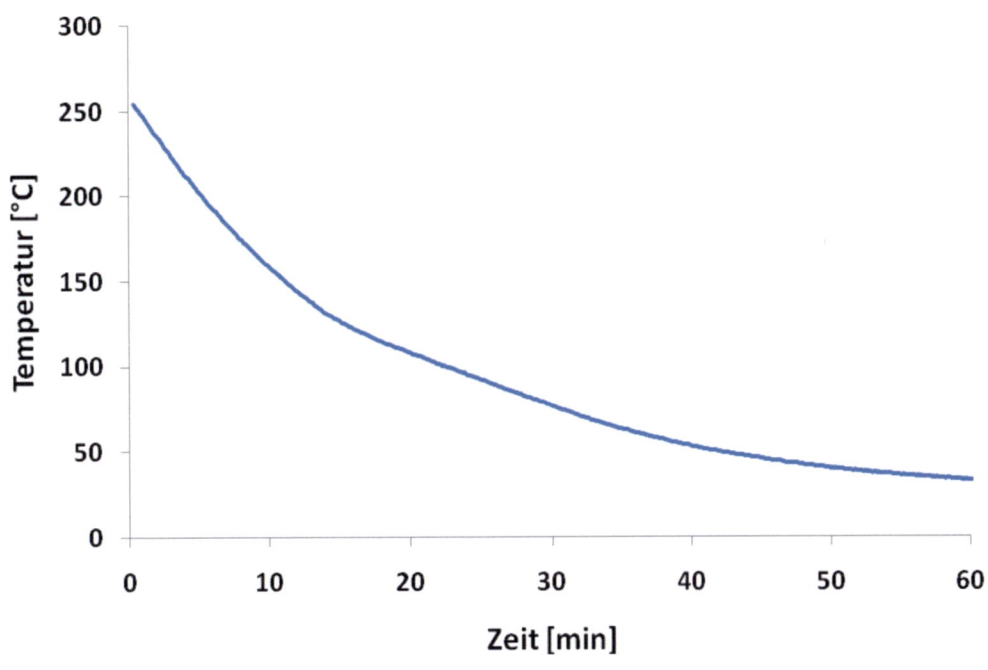

Abbildung 4-0-3: Temperaturverlauf bei maximaler Kühlleistung

Durch Differenzierung der Temperatur nach der Zeit ergibt sich daraus die Kühlrate. Selbst bei 240 °C beträgt diese nur etwa 11,5 °C/min und liegt damit deutlich unter der maximal einstellbaren Kühlrate von 20 °C/min. Mit abnehmender Temperatur fällt auch die maximal erreichbare Kühlrate weiter ab. Eine Übersicht über die maximal erreichbaren Kühlraten in Abhängigkeit von der Temperatur gibt Tabelle 4-2.

Tabelle 4-0-2: Maximale Kühlraten als Funktion der Temperatur

Temperatur [°C]	max. Kühlrate [°C/min]
240	11,5
230	11,4
220	11,1
210	10,2
200	9,9
190	9,4
180	8,9
170	8,6
160	7,9

150	7,3
140	6,8
130	5,9
120	4,5
110	3,2
100	3,0
90	2,7
80	2,6
70	2,8
60	1,8
50	1,3
40	0,5

Bei der Temperaturregelung ist zu beachten, dass die Regelung über ein im Heiz-block eingestecktes Thermometer erfolgt. Die Temperatur im Katalysatorbett kann um bis zu 2 °C abweichen und kann über ein zweites Thermometer abgelesen werden.

4.2 Katalytisch aktive Kupferoberfläche

Vor und nach jeder Methanolsynthese wurde eine RFC durchgeführt, um den Einfluss der einzelnen Prozessparameter auf die Veränderung der katalytisch aktiven Kupferoberfläche zu untersuchen. Für den untersuchten industriellen Refe-renzkatalysator ergab sich vor der Synthese eine freie Kupferoberfläche von 24,6 m²/g. Bei Wiederholungsmessungen mit verschiedenen Füllungen des gleichen Katalysators bestätigte sich dieses Ergebnis. Die Standardabweichung lag bei 0,25 m²/g. Wiederholungen der RFC-Messungen mit derselben Katalysatorfüllung ohne zwischenzeitige Synthese führten zu keiner Veränderung der gemessenen Kupferoberfläche.

Bei RFC-Messungen im Anschluss an Methanolsynthesen lag die Kupferoberfläche stets deutlich unter dem Wert des frischen Katalysators. Erfolgte die Synthese bei einem Druck von 1bar und einer Temperatur von 210 °C sank die freie Kupferober-fläche nach einer Reaktionsdauer von 7 h auf 21,8 m²/g. Im weiteren Verlauf der

Synthese verlangsamte sich die Abnahme der Oberfläche. Nach einer Gesamtreaktionsdauer von 48 h betrug die freie Kupferoberfläche 20,7 m²/g (Abbildung 4-4).

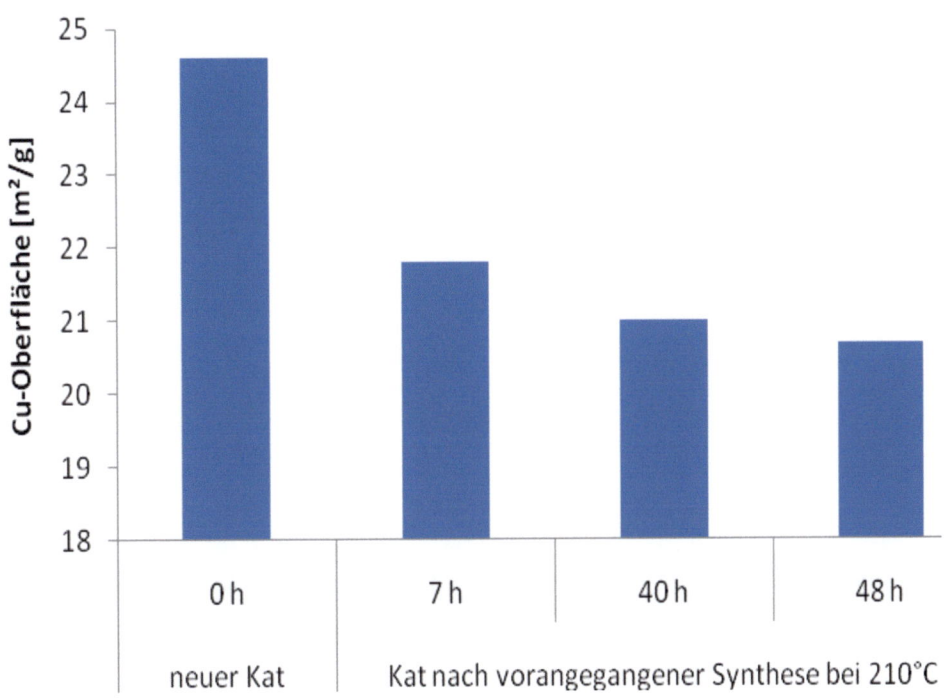

Abbildung 4-0-4: Kupferoberfläche in Abhängigkeit von der Synthesedauer

Bei einer Erhöhung des Druckes während der Synthese verstärkte sich die Abnahme der freien Kupferoberfläche erheblich. Nach 48 h Synthese bei 10 bar und 210 °C war die freie Kupferoberfläche auf 18,96 m²/g zurückgegangen.

Die Abnahme der Katalysatorfläche nimmt stark zu, wenn der Katalysator ohne Gasstrom unter Synthesebedingungen gehalten wird. Bei einem Ausfall des Synthesegasstroms, in dessen Folge der Katalysator 12 h bei 1 bar und 210 °C in ruhendem Synthesegas stand, ging die Kupferoberfläche von 24,7 m²/g auf 18,34 m²/g zurück.

Die Verringerung der freien Oberfläche im Laufe der Synthese ist in erster Linie Sintervorgängen zuzuschreiben. Durch die Agglomeration der Kupferpartikel steigt die Partikelgröße und die Oberfläche pro Masseneinheit sinkt. Beim Ausfall des Gasstromes kann es wegen des verminderten Wärmetransportes zur Entstehung von Hot Spots kommen, an denen verstärktes Sintern auftritt. Matsumura und Hideomi Ishibe [61] haben bei Steam Reforming von Methanol beobachtet, dass eine starke Bedeckung der Kupferpartikel mit Zinkoxidpartikeln auftritt. Möglicherweise tritt auch im Laufe der Methanolsynthese eine zunehmende Bedeckung der Kupferoberfläche durch Zinkoxidpartikel auf.

Belegung der Oberfläche durch verschiedene Oberflächenspezies trägt ebenfalls zur Desaktivierung bei. In den RFC-Messungen wirkt sich dies jedoch nicht auf die gemessene Kupferoberfläche aus, da vor jeder RFC eine Reduzierung des Katalysators ausgeführt wird, bei welcher reversibel gebundene Oberflächenspezies entfernt werden.

4.3 Gleichgewicht

Um den Übergang von kinetischem zu thermodynamischem Regime eindeutig beschreiben zu können ist eine genaue Kenntnis der Gleichgewichtskonzentrationen nötig.

Zur Bestimmung der Gleichgewichtslage wurde der Reaktor mit 500 mg Katalysator befüllt und ein Gasvolumenstrom von 7,8 Nml/min eingestellt. Die massenbezogene Raumgeschwindigkeit WHSV nahm damit einen Wert von lediglich $5,56 \cdot 10^{-3}$ s^{-1} an. Die Gleichgewichtssynthese wurde für 67 h bei 210 °C und 1 bar gefahren, um die Einstellung eines stationären Zustandes sicherzustellen. Die Reaktionstemperatur wurde über eine Heizrampe von 1 °C/min angefahren. Für die Messungen wurde Synthesegas 1 (SYN1; siehe Anhang) verwendet. In Tabelle 4-3 sind den gemessenen Konzentrationen Werte aus Berechnungen mit Methoden der statistischen Thermodynamik [62] gegenübergestellt.

Tabelle 4-0-3: Berechnete und gemessene Gleichgewichtskonzentration bei 210 °C und 1 bar

Komponente	Ausgangs-konzentration [Vol-%]	Erwartete Konzent-ration [Vol-%]	Gemessene Kon-zentration [Vol-%]
Kohlenstoffdioxid	8	7,62	7,13
Kohlenstoffmonoxid	6	6,357	6,04
Wasserstoff	59,5	59,09	60,37
Methanol	–	0,0275	0,0226
Wasser	–	0,0381	0,025
Argon	1,5	1,52	1,51
Helium	25	25,34	24,89

Es wurden 82,2 % der Gleichgewichtsausbeute an Methanol erreicht. Bedingt durch Bauart und Abmessungen des Reaktors ist eine Befüllung mit einer größeren Katalysatormasse nicht möglich. Gleichzeitig sind geringere Gasvolumenströme nicht sinnvoll zu realisieren, da die Gasvolumenstromregelung bei geringeren Durchflüssen stark an Genauigkeit verliert. Eine weitere Absenkung der massenbezogenen Raumgeschwindigkeit ist deshalb nicht realisierbar. Damit ist im gegebenen Temperaturbereich mit der vorhandenen Anlage eine stärkere Annäherung an das Gleichgewicht nicht möglich.

Die Messgenauigkeit wird insbesondere durch Instabilitäten der Kalibrierung beeinträchtigt. Dies schränkt Messungen im Bereich geringfügiger Abweichungen von der Ursprungskonzentration, wie beispielsweise bei Wasserstoff oder Helium, erheblich ein. Im Rahmen der gegebenen Messgenauigkeit kann jedoch von einer Annäherung an das Gleichgewicht ausgegangen werden.

4.4 Methanolsynthese in Abhängigkeit von der Temperatur

Mit einer Erhöhung der Reaktionstemperatur erhöht sich die Methanolausbeute zunächst bis sie schließlich ein Maximum durchläuft und wieder abfällt. Wird die Reaktion bei einem Druck von 1 bar ausgeführt so befindet sich dieses Maximum bei einer Temperatur von etwa 205 °C. Die Abhängigkeit der Methanolausbeute von der Temperatur bei 1 bar und einem CO/CO_2-Verhältnis von 0,75 ist in Abbildung 4-5 veranschaulicht. Die Katalysatormasse betrug 200 mg. Synthesegas 1 wurde für die Reaktion verwendet. Die Messungen wurden bei verschiedenen Volumenströmen des Synthesegases durchgeführt.

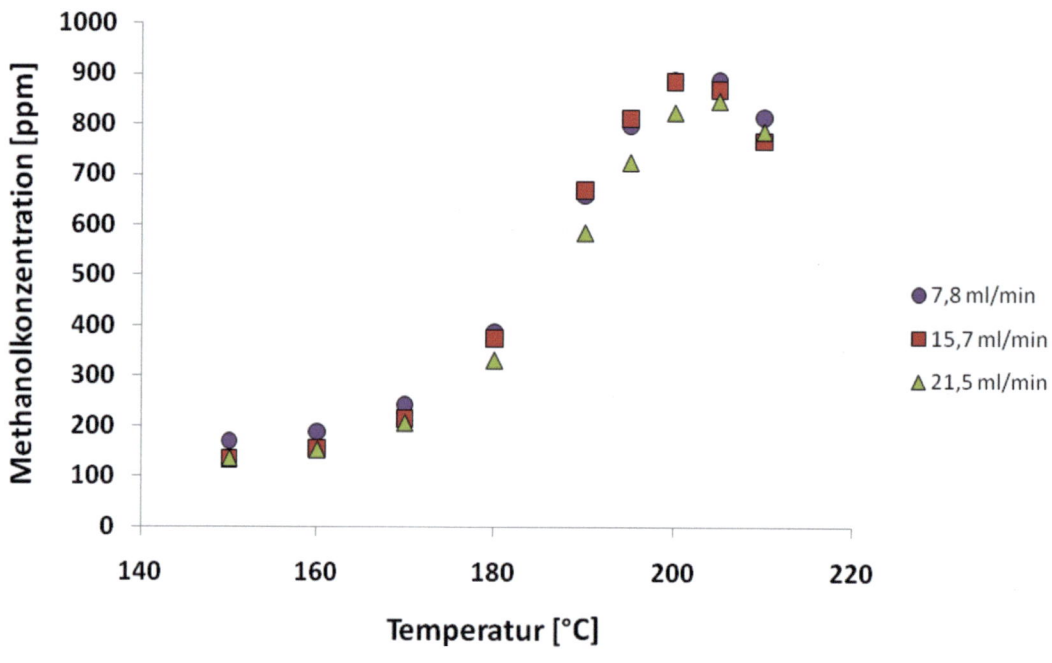

Abbildung 4-0-5: Methanolausbeute als Funktion der Temperatur

Bei Temperaturen kleiner 200 °C liegt kinetische Limitierung der Reaktion vor. Im Temperaturbereich bis etwa 190 °C zeigt sich ein exponentieller Verlauf, wie er nach Arrhenius zu erwarten ist. Oberhalb dieser Temperatur verlangsamt sich die Reaktion zunehmend durch thermodynamische Limitierung. Ab dem Maximum bei etwa 205 °C führt die erhöhte Reaktionsgeschwindigkeit durch höhere Temperatur zu keinerlei Umsatzsteigerungen. Aufgrund des fallenden Gleichgewichtsumsatzes tritt vielmehr eine Verringerung des Umsatzes auf. Durch Rückreaktion von bereits gebildetem Methanol zu den Ausgangsstoffen wird die Methanolausbeute reduziert. Je höher die Temperatur wird, desto größer wird der Einfluss der Rückreaktion, wodurch die Methanolausbeute im thermodynamischen Regime mit steigender Temperatur zurückgeht.

Mit steigendem Druck verschiebt sich das Maximum der Ausbeute zu höheren Temperaturen hin. Bei Messungen mit einem Druck von 6 bar liegt das Maximum bereits im Bereich zwischen 230 °C und 240 °C. Bei einem Druck von 10 bar liegt das Maximum bei einer Temperatur über 240 °C.

4.5 Methanolsynthese in Abhängigkeit vom Druck

Eine Erhöhung des Druckes führt zu einer deutlichen Zunahme der Methanolausbeute. Die Abhängigkeit der Ausbeute vom Druck bei einer Reaktionstemperatur von 210 °C, die über eine Heizrampe von 1 °C/min angefahren wurde, einem Volumenstrom von 15,7 Nml/min, einer eingewogenen Katalysatormasse von 200 mg (WHSV = $2,8 \cdot 10^{-2}$ s^{-1}) und einem CO/CO$_2$-Verhältnis von 0,75 (SYN1) ist in Abbildung 4-6 dargestellt.

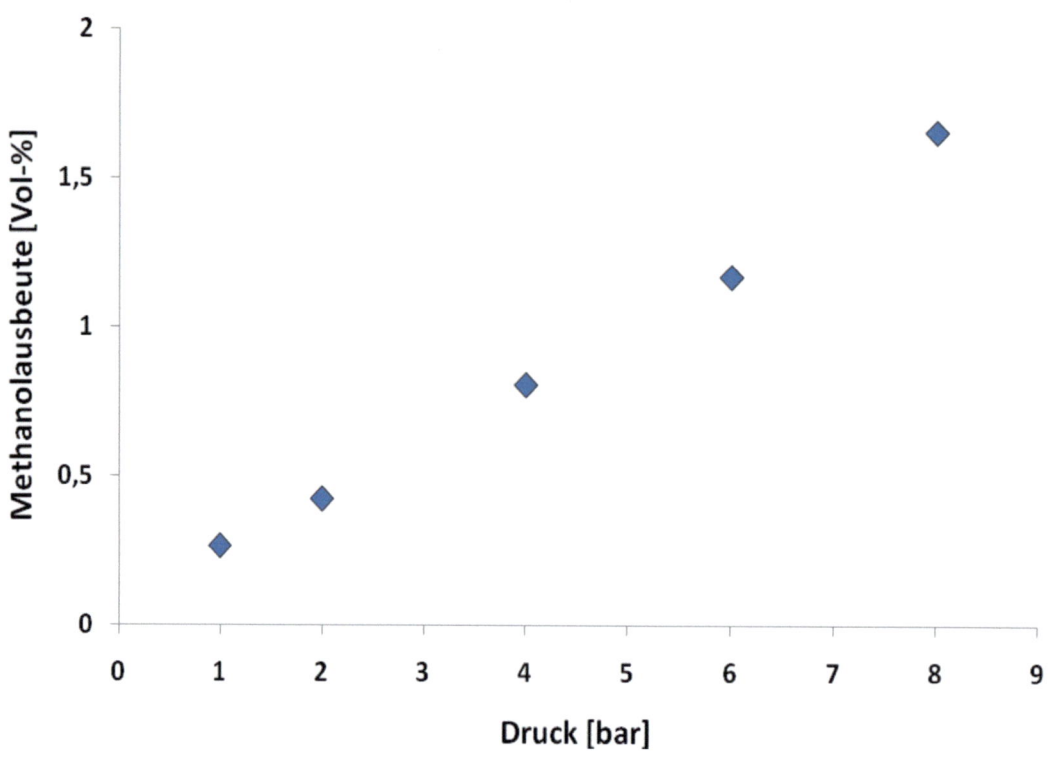

Abbildung 4-0-6: Methanolausbeute als Funktion des Drucks

Die Bildung von Methanol aus Synthesegas erfolgt unter Volumenreduzierung (Gleichung 2-10 und 2-11). Bei einer Erhöhung des Druckes ist damit eine Verschiebung des Gleichgewichts zum Methanol hin und folglich eine Erhöhung der Methanolausbeute zu erwarten (Prinzip von Le Chatelier).

4.6 Weitere Komponenten des Reaktionsgemisches

4.6.1 Kohlenoxide

Die Konzentration von Kohlenstoffdioxid im Reaktionsgasgemisch nimmt mit steigender Temperatur ab. Gleichzeitig steigt die Konzentration an Kohlenstoffmonoxid mit zunehmender Temperatur. Die Konzentrationen der jeweiligen Kohlenstoffoxide im Produktgasstrom sind in Abbildung 4-7 dargestellt. Die Messungen wurden bei einem Druck von 1 bar, einem Gasvolumenstrom von 78 ml/min und einer eingewogenen Katalysatormasse von 200 mg (WHSV = 0,14 s^{-1}) durchgeführt. Die Ausgangskonzentrationen lagen bei 8 Vol-% für Kohlenstoffdioxid und 6 Vol-% für Kohlenstoffmonoxid (SYN1).

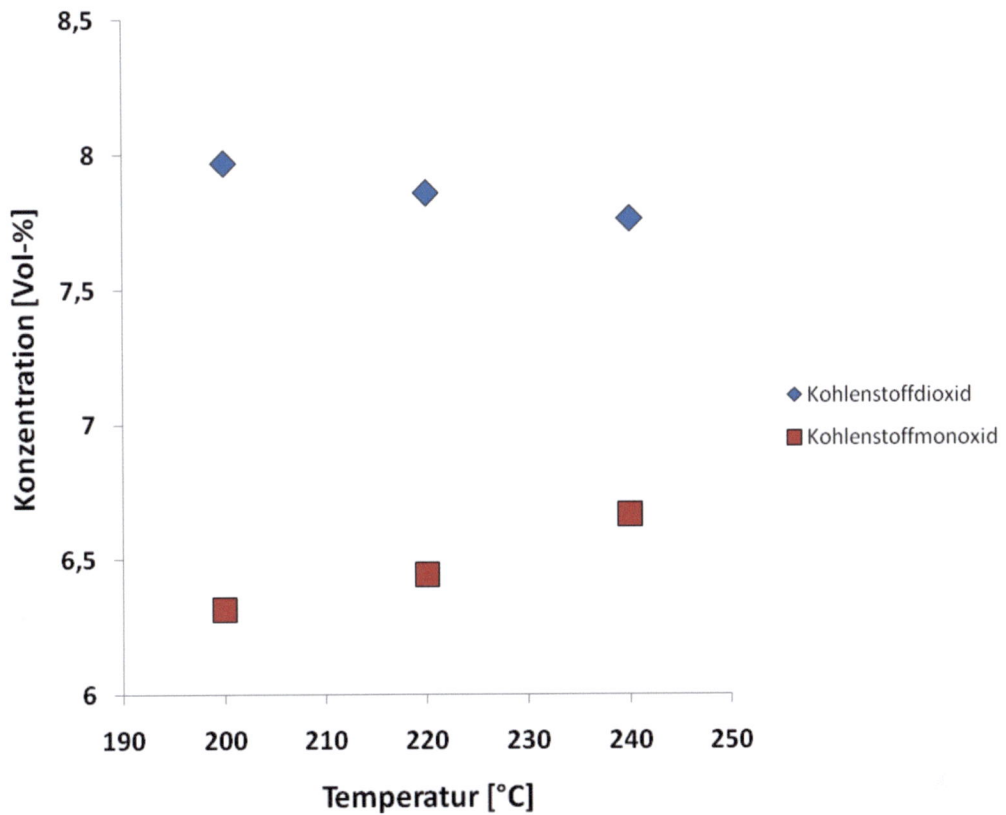

Abbildung 4-0-7: Ausbeute an Kohlenstoffoxiden als Funktion der Temperatur

Neben der Bildung von Methanol läuft als zweite Reaktion die Wassergas-Shift Reaktion ab (Gleichung 4-7) [63].

$$CO + H_2O \rightleftharpoons CO_2 + H_2 \qquad\qquad \text{Gleichung 4-7}$$

Diese Reaktionsenthalpie beträgt 41,1 kJ/mol und ist damit exotherm. Mit steigender Temperatur verschiebt sich das Gleichgewicht deshalb zum Kohlenstoffmonoxid hin. Die Konvertierung von Kohlenstoffdioxid zu Kohlenstoffmonoxid verstärkt sich dadurch bei hohen Temperaturen.

4.6.2 Wasser

Bei der Bildung von Methanol aus Synthesegas entsteht Wasser (Gleichung 2-10). Mit steigender Reaktionstemperatur nimmt auch die Menge des gebildeten Wassers zu. Der Anteil des gebildeten Wassers in Abhängigkeit von der Temperatur ist in Abbildung 4-8 gezeigt. Zum Vergleich ist der bei der jeweiligen Temperatur gebildete Methanolanteil eingezeichnet. Die Messungen wurden bei einem Druck von 1 bar, einem Gasvolumenstrom von 78 ml/min und einer eingewogenen Katalysatormasse von 200 mg (WHSV = 0,14 s^{-1}) durchgeführt. Synthesegas 1 (SYN1) wurde als Feedgas eingesetzt.

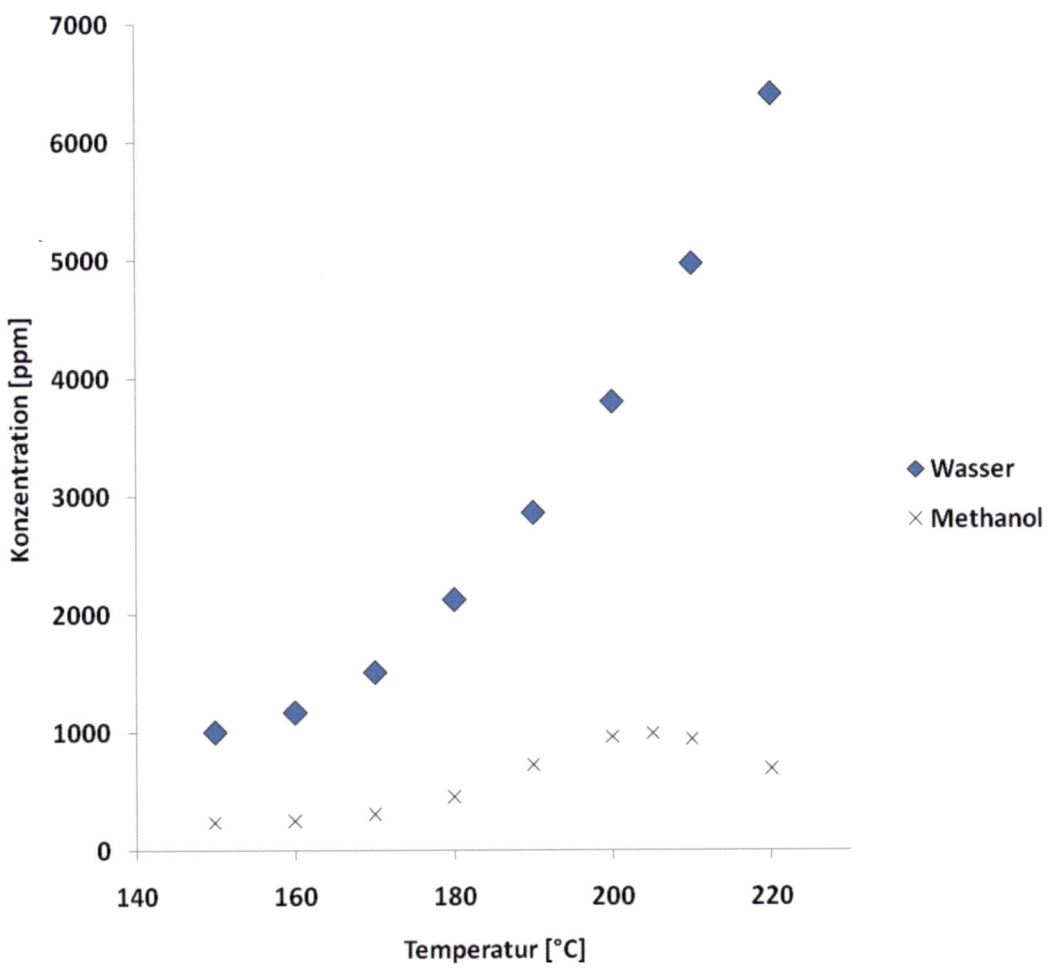

Abbildung 4-0-8: Wasserausbeute als Funktion der Temperatur

Es zeigt sich, dass Wasser anders als Methanol im betrachteten Temperaturbereich kein Maximum durchläuft. Stattdessen verstärkt sich die Bildung von Wasser trotz zurückgehender Methanolproduktion mit steigender Temperatur.

Aus den vorliegenden Daten lässt sich folgern, dass der Großteil des gebildeten Wassers nicht bei der Bildung von Methanol erfolgt. Diese Annahme wird dadurch gestützt, dass der Wasseranteil mit steigender Temperatur auch bei abnehmendem Methanolanteil steigt. Ein weiteres Argument ist die erheblich höhere Wasserkonzentration. Bei einer Temperatur von 150 °C liegt die Wasserkonzentration bereits um das 4,2 fache über der Methanolkonzentration. Bei 220 °C steigt der Wasseranteil sogar auf das 9,2 fache der Methanolkonzentration an.

Bei der Bildung von Methanol aus Kohlenstoffdioxid (Gleichung 2-10) wird pro Methanolmolekül ein Wassermolekül erzeugt. Bei der Bildung aus Kohlenstoffmonoxid (Gleichung 2-11) wird kein Wasser erzeugt. Der Wasseranteil sollte folglich maximal den Wert des Methanolanteils erreichen. Da aber deutlich mehr Wasser als Methanol gebildet wird, bestätigt das die Annahme aus Kapitel 4.6.1, dass Kohlenstoffdioxid in erheblichem Maße zu Kohlenstoffmonoxid durch inverse Wassergas-Shift Reaktion gebildet wird (Gleichung 4-7). Mit steigender Temperatur nimmt die inverse Wassergas-Shift Reaktion zunehmend eine dominierende Rolle ein.

4.6.3 Inertgase

Die inerten Komponenten des Synthesegases Helium und Argon sind im Feedgas mit Konzentrationen von 25 Vol-% beziehungsweise 1,5 Vol-% enthalten. Im Produktgasstrom ist ihre Konzentration jeweils geringfügig erhöht. Diese Zunahme fällt nur sehr schwach aus. In einzelnen Messungen wurden auch leichte Rückgänge der Inertgaskonzentrationen beobachtet. Diese Abnahmen bewegen sich allerdings im Bereich kleiner 0,5 % bezogen auf die Gesamtkonzentration. Die Abweichungen lassen sich folglich auf Messfehler zurückführen. Die überwiegende Zahl der Messungen zeigte einen Trend hin zu einer leichten Zunahme der Inertgaskonzentration.

Wie aus den Gleichungen 2-10 beziehungsweise 2-11 ersichtlich ist, verringert sich das Gasvolumen bei der Erzeugung von Methanol sowohl aus Kohlenstoffdioxid als auch aus Kohlenstoffmonoxid. Da Helium und Argon nicht umgesetzt werden ist bei einer Verringerung des Gesamtvolumens also eine Zunahme ihrer Konzentration zu erwarten.

4.7 Einfluss der Wassergas-Shift Reaktion

Bei einem Druck von 1 bar und einer Temperatur von 200 °C übersteigt die Bildung von Wasser die Bildung von Methanol um einen Faktor von 3,9. Der überwiegende Teil der Literatur geht davon aus, dass Methanol vorrangig aus Kohlenstoffdioxid gebildet wird [5, 38]. Unter der Annahme, dass Methanol lediglich aus Kohlenstoffdi-oxid gebildet wird, kann daher davon ausgegangen werden, dass die Wassergas-Shift Reaktion die Methanolsynthese um einen Faktor 2,9 übersteigt. Basierend auf dieser Annahme ist das Verhältnis von Wassergas-Shift Reaktion zu Methanolsyn-these für verschiedene Reaktionstemperaturen in Abbildung 4-9 dargestellt.

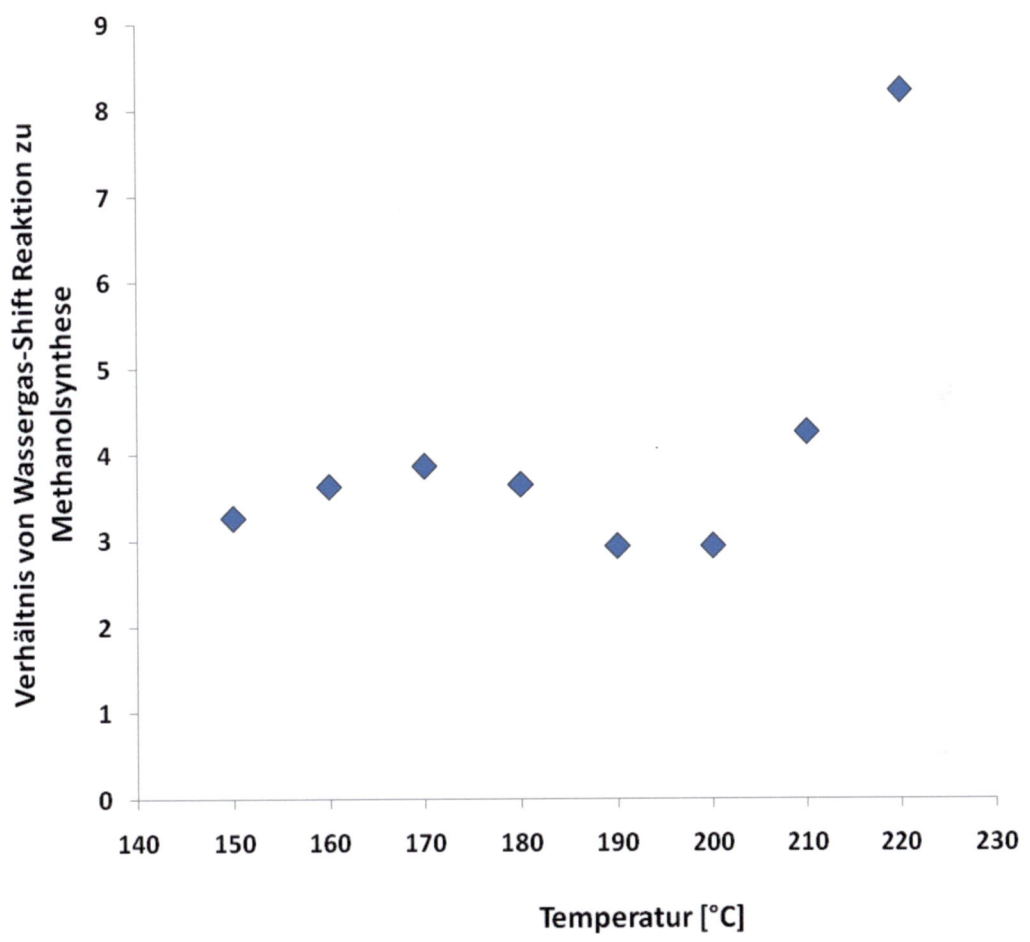

Abbildung 4-0-9: Verhältnis von Wassergas-Shift Reaktion zu Methanolsynthese

Im Bereich niedriger Temperaturen steigt die Wassergas-Shift Reaktion relativ zur Methanolsynthese nur geringfügig mit steigender Temperatur an und beginnt bei etwa 180 °C wieder zu fallen. Zwischen 190 °C und 200 °C wird ein Minimum durchlaufen an das sich ein starker Anstieg der Wassergas-Shift Reaktion im Verhältnis zur Methanolsynthese anschließt.

Der geringe Anstieg im Verhältnis von Wassergas-Shift Reaktion zu Methanolsynthese zu Beginn ist auf die in etwa parallele Zunahme der beiden Reaktionen mit steigender Temperatur zurückzuführen. Das Minimum wird durch das Maximum der Methanolausbeute bei etwa 200 °C hervorgerufen. Der anschließende Abfall der Methanolbildung infolge des ungünstigen Gleichgewichts bei hohen Temperaturen bei gleichzeitig weiterer Zunahme der Wassergas-Shift Reaktion führt zum starken Anstieg des Verhältnisses oberhalb von 200 °C.

Bei steigendem Druck verschiebt sich das Verhältnis zugunsten der Methanolsynthese. Die Wassergas-Shift Reaktion findet im Gegensatz zur Methanolsynthese unter Volumenkonstanz statt, weshalb keine Abhängigkeit der Gleichgewichtslage vom Druck existiert. Da die Methanolbildung thermodynamisch durch höheren Druck begünstigt wird, nimmt die relative Bedeutung der Wassergas-Shift Reaktion mit steigendem Druck ab.

4.8 Einfluss von Bedingungen der Katalysatorsynthese

Auf verschiedene Weisen synthetisierte $Cu/ZnO/Al_2O_3$-Katalysatoren wurden mit RFC- und Synthesemessungen untersucht. Die Fällung war dabei im Batchverfahren, in einem Schlitzplattenmischer und in einem Ventilmikromischer ausgeführt worden. Als Fällungsreagenz wurden Natriumcarbonat beziehungsweise Ammoniumcarbonat verwendet.

Die Kupferoberfläche aller Katalysatoren wurde mit Hilfe reaktiver Frontalchromatographie bestimmt. Nach einer sechsstündigen Synthese wurde die Oberflächenmessung wiederholt. Dabei wurde bei einem Druck von 1 bar für jeweils zwei Stunden Temperaturen von 200 °C, 220 °C und 240 °C mit Heizrampen von 1 °C/min angefahren. In Abbildung 4-10 sind die Oberflächen der verschiedenen Katalysatoren vor und nach der Methanolsynthese dargestellt.

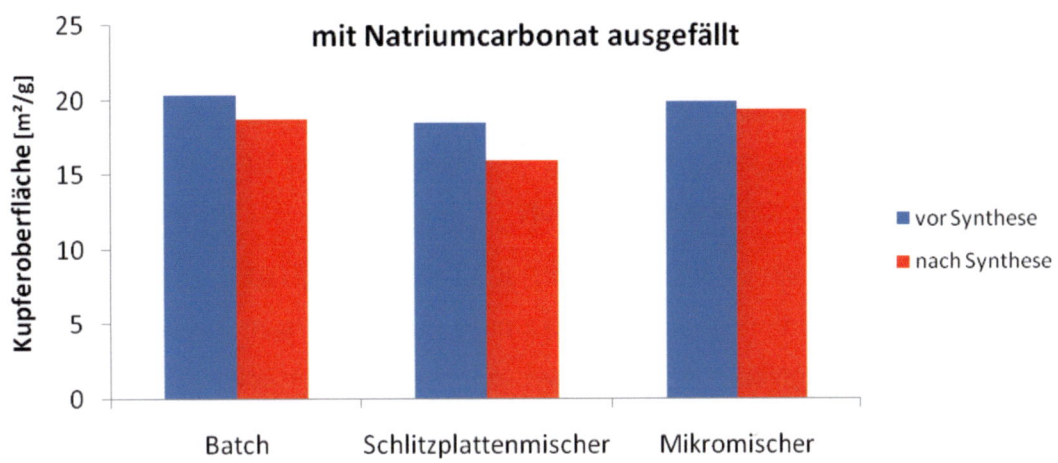

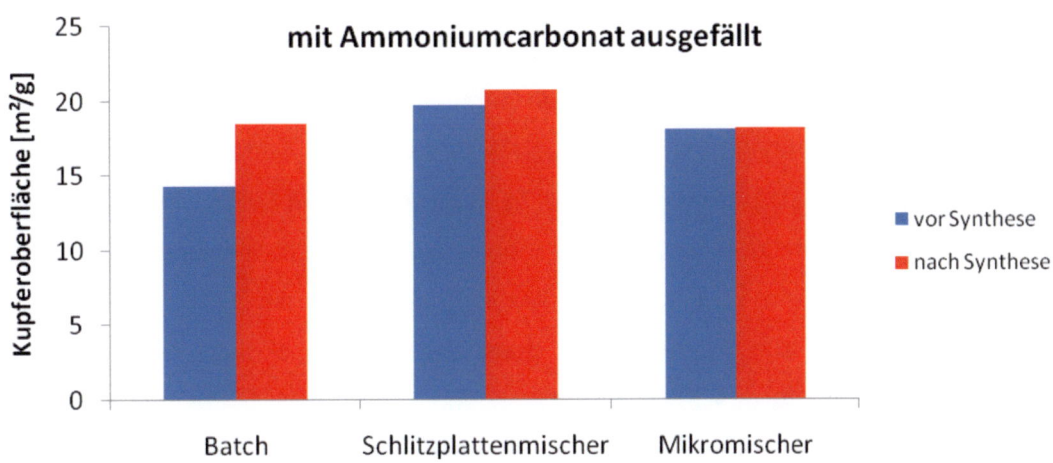

Abbildung 4-10: Kupferoberflächen der verschiedenen Katalysatoren

Die mit Natriumcarbonat gefällten Katalysatoren besaßen Flächen zwischen 18,5 m²/g und 20,3 m²/g. Die größte Oberfläche vor der Synthese hatte dabei der im Batchverfahren hergestellte Katalysator. Der im Schlitzplattenmischer synthetisierte Katalysator zeigte die geringste Oberfläche.

Nach der Synthese sank die Kupferoberfläche des im Schlitzplattenmischer gewonnen Katalysators um 2,5 m²/g. Der im Batchverfahren Synthetisierte verlor nur 1,5 m²/g an Oberfläche, während sich der im Ventilmikromischer gewonnene Katalysator als Stabilster erwies. Die Oberfläche sank hier lediglich von 19,86 m²/g um 0,52 m²/g auf 19,34 m²/g.

Im Vergleich dazu weist der industrielle Referenzkatalysator mit 24,6 m²/g eine etwas größere Oberfläche vor Synthesebeginn auf. Nach anfänglicher Methanolsynthese und der damit einhergehenden Desaktivierung zeigt der industrielle Katalysator jedoch einen stärkeren Rückgang der Oberfläche, so dass er nur noch eine geringfügig größere Oberfläche besitzt.

Die mit Ammoniumcarbonat gefällten Katalysatoren wiesen vor der Synthese Kupferoberflächen im Bereich von 19,5 m²/g auf. Zu diesem Zeitpunkt zeigt sich damit noch kein signifikanter Unterschied zu mit Natriumcarbonat gefällten Katalysatoren. Lediglich der im Batchverfahren synthetisierte Katalysator besaß eine Oberfläche von nur 14,3 m²/g. Das stark abweichende Verhalten legt die Vermutung nahe, dass hier von einem Messfehler ausgegangen werden kann.

Auffällig war die Veränderung der Kupferoberfläche infolge der Synthese. Nach einer sechsstündigen Synthese bei einer Maximaltemperatur von 240 °C wurde bei allen drei mit Ammoniumcarbonat gefällten Katalysatoren eine Zunahme der Oberfläche gemessen. Diese lag mit etwa 0,5 m²/g zwar im Bereich der Messabweichung, aufgrund der Reproduzierbarkeit lässt sich jedoch trotzdem auf eine Zunahme der Oberfläche schließen. Es wird davon ausgegangen, dass die Zunahme der Kupferoberfläche darauf zurückzuführen ist, dass auch nach Abschluss der Kalzinierung Verunreinigungen in den Kupferkristalliten vorhanden sind. Diese werden erst im Laufe der Synthese entfernt, wodurch neue Kupferoberfläche frei wird. Die neuentstandene Kupferoberfläche kompensiert den im Laufe der Methanolsynthese verursachten Rückgang. Patnaik et al. [64] beschreiben eine ähnliche Beobachtung für Kupferammoniumchromat-Systeme. Bei diesen wird eine vollständige Zersetzung des Ammoniums bei der Kalzinierung erst bei Temperaturen zwischen 450 °C und 750 °C oder alternativ sehr langen Kalzinierungszeiten erreicht. Es kann also davon ausgegangen werden, dass auch nach der Kalzinierung noch Ammoniumanteile im Katalysator vorhanden sind.

Auf allen sechs Katalysatoren wurden Synthesen mit Synthesegas 1 (SYN1) bei 1 bar, 200 mg Katalysatoreinwaage und einem Gasvolumenstrom von 78 ml/min (WHSV = 14 s^{-1}) gefahren. Dabei wurden nacheinander Temperaturen von 200 °C, 220 °C und 240 °C angefahren. Die Temperaturen wurden jeweils für zwei Stunden gehalten. Da sich stationäre Zustände jedoch sehr schnell einstellen, kann auch für

diesen Wert Stationarität angenommen werden. In Abbildung 4-11 sind die Synthesen auf den jeweiligen Katalysatoren miteinander verglichen.

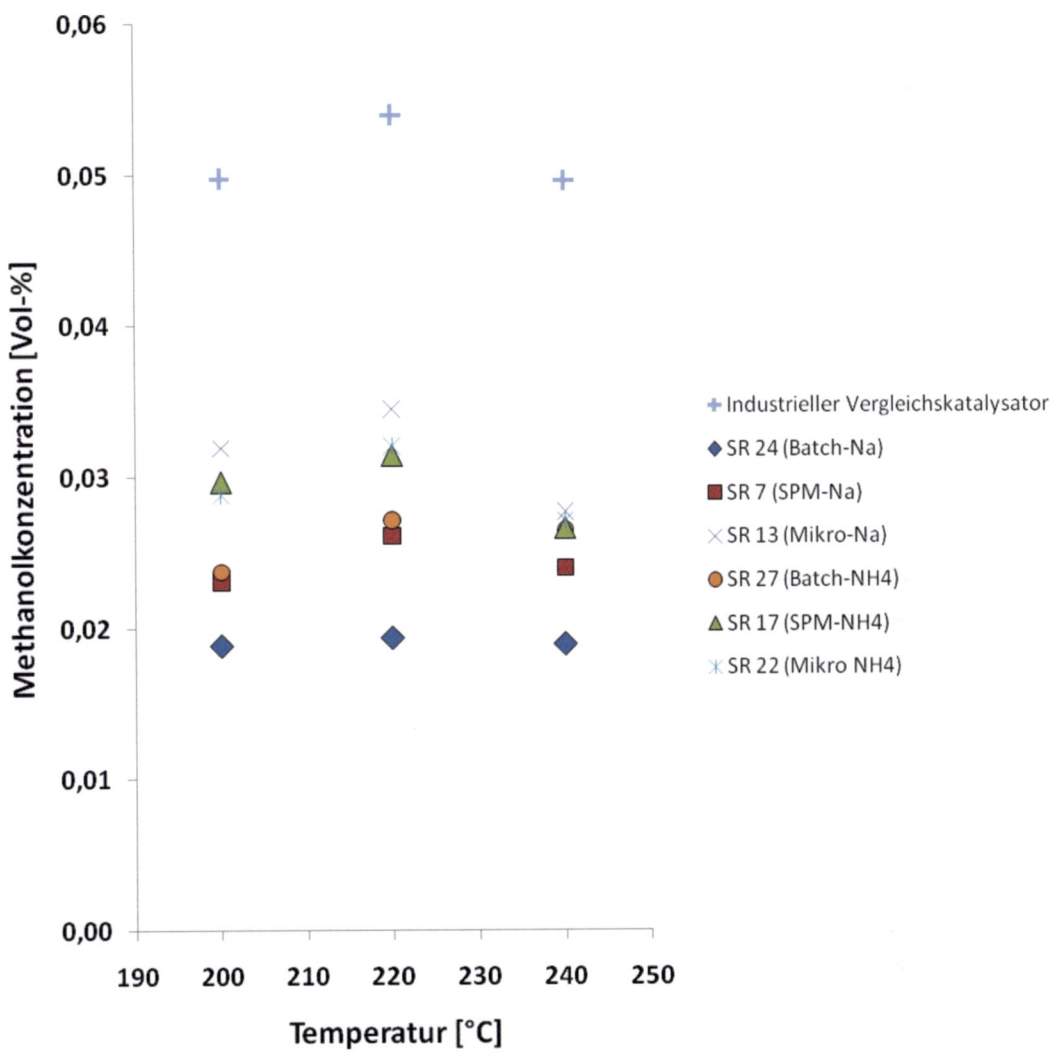

Abbildung 4-11: Methanolkonzentration als Funktion der Temperatur

Die bisherigen Katalysatoren erreichen etwa 70 % der Aktivität des industriellen
Vergleichskatalysators. Das Maximum der Methanolausbeute bei etwa 200 °C ist
beim industriellen Katalysator jedoch etwas stärker ausgeprägt als auf den an der
Technischen Universität München hergestellten Katalysatoren.

Es zeigt sich, dass die im Ventilmikromischer hergestellten Katalysatoren die größte
Methanolsyntheseaktivität aufweisen. Dies gilt sowohl für den mit Natriumcarbonat

gefällten Katalysator als auch für den etwas weniger aktiven, mit Ammoniumcarbonat ausgefällten Katalysator. Die im Schlitzplattenmischer hergestellten Katalysatoren weisen trotz ihrer großen Kupferoberfläche nur durchschnittliche Aktivität auf. Die im Batchverfahren hergestellten Katalysatoren weisen die geringste Syntheseaktivität auf. Bemerkenswert ist, dass sich kein einheitliches Bild bezüglich der Fällungsreagenz ergibt. Sowohl bei den im Batchverfahren als auch bei den im Schlitzplattenmischer hergestellten Katalysatoren besitzt der mit Ammoniumcarbonat ausgefällte Katalysator die jeweils größere Aktivität. Bei den im Mikromischer gewonnen Katalysatoren zeigt hingegen der mit Natriumcarbonat ausgefällte Katalysator die größere Aktivität.

Sowohl die im Ventilmikromischer als auch die im Schlitzplattenmischer hergestellten Katalysatoren zeigen einen deutlichen Abfall der Syntheseaktivität beim Temperaturschritt zwischen 220 °C und 240 °C. Bei den im Batchverfahren gewonnen Katalysatoren ist dieser Abfall hingegen deutlich schwächer ausgeprägt.

5 Zusammenfassung und Ausblick

In dieser Arbeit wurden Kupfer/Zinkoxid/Aluminiumoxid-Katalysatoren untersucht. Ein Fokus der Messungen richtete sich dabei auf die freie Kupferoberfläche der Katalysatoren beziehungsweise den Einfluss der Methanolsynthese auf die Veränderung der freien Kupferoberfläche. Zur Ermittlung der Gesamtoberfläche der Kupferpartikel wurde die Methode der reaktiven Frontalchromatographie mit Lachgas verwendet.

Für den industriellen Referenzkatalysator konnte nach Reduzierung, aber ohne vorangegangene Methanolsynthese, eine Fläche von 24,6 m²/g bestimmt werden. Dabei konnte eine hohe Reproduzierbarkeit der Messergebnisse erreicht werden.

Frontalchromatographiemessungen im Anschluss an Methanolsynthesen führten zu verringerten Kupferoberflächen. Methanolsynthesen bei 210 °C mit einer Dauer zwischen sechs und achtundvierzig Stunden bewirkten einen Rückgang auf etwa 21 m²/g. Zunehmende Synthesedauer verstärkte die Verminderung der Kupferoberfläche, jedoch nimmt der Rückgang pro Zeiteinheit mit zunehmender Zeit ab. Der Rückgang der Oberfläche wird in erster Linie auf Sintervorgänge zurückgeführt, welche die effektive Korngröße der Kupferpartikel erhöhen. Dazu kommt eine zunehmende Bedeckung des Kupfers mit Zinkoxidpartikeln im Laufe der Methanolsynthese.

Mit dem industriellen Referenzkatalysator wurden eine Reihe Katalysatoren verglichen, die auf verschiedene Arten synthetisiert wurden. Dabei wurde der Einfluss von drei verschiedenen Mischverfahren (Batchsynthese, Schlitzplatten- und Ventilmikromischer) sowie zweier Fällungsreagenzien (Natrium- und Ammoniumcarbonat) untersucht. Auf die freie Kupferoberfläche des frischen, reduzierten Katalysators hatten die unterschiedlichen Synthesemethoden nur geringen Einfluss. Die Flächen lagen in einem Bereich von 18 m²/g bis 20 m²/g. Es ließ sich jedoch kein einheitlicher Trend bezüglicher des Einflusses des Mischungsverfahrens beziehungsweise der Fällungsreagenz auf die Oberfläche des frischen Katalysators erkennen.

Die freie Kupferoberfläche der Katalysatoren im Anschluss an die Methanolsynthese zeigt hingegen erhebliche Abhängigkeit von der Fällungsreagenz. Mit Natriumcarbonat gefällte Katalysatoren zeigten einen klaren Rückgang der freien Oberfläche. Die mit Ammoniumcarbonat ausgefällten Katalysatoren zeigten im Rahmen der untersuchten Synthesedauern eine geringfügige Zunahme der freien Kupferoberfläche. Als Erklärung dafür wird angenommen, dass der Kalzinierungsprozess bei den mit Ammoniumcarbonat ausgefällten Katalysatoren nicht vollständig abgeschlossen wurde. Als Konsequenz daraus wird im Laufe der Synthese weiteres Ammonium freigesetzt und zusätzliche Kupferoberfläche dadurch zugänglich. Die neue Kupferoberfläche kann im Rahmen der untersuchten Synthesedauer von sechs Stunden den Rückgang der vorhandenen Oberfläche kompensieren beziehungsweise überkompensieren.

Der zweite Schwerpunkt der Arbeit war die Abhängigkeit der Methanolsynthese von verschiedenen Prozessparametern. Dafür wurden Synthesegasgemische bei verschiedenen Drücken, Temperaturen und massenbezogenen Raumgeschwindigkeiten umgesetzt. Die Methanolausbeute skalierte dabei bei konstanter Temperatur im untersuchten Druckbereich bis 10 bar nahezu linear mit dem Druck.

Bei steigender Temperatur nahm zunächst auch die Methanolausbeute zu. Wie bei einer exothermen Reaktion zu erwarten, trat ab einer gewissen Temperatur thermodynamische Limitierung auf und die Ausbeute fiel mit steigender Temperatur. Bei Atmosphärendruck und massenbezogenen Raumgeschwindigkeiten um 0,14 s^{-1} lag das Maximum der Methanolausbeute bei etwa 205 °C. Mit steigendem Druck verschob sich das Maximum zu höheren Temperaturen. Eine Erhöhung der massenbezogenen Raumgeschwindigkeit verschiebt das Maximum ebenfalls, wenn auch deutlich schwächer, zu höheren Temperaturen hin.

Die Wassergas-Shift Reaktion stellt insbesondere bei niedrigen Drücken und hohen Temperaturen die dominierende Reaktion dar. So übersteigt die Wassergas-Shift Reaktion die Methanolsynthese bei 1 bar und 220 °C um mehr als das Achtfache. Bei höheren Drücken und niedrigeren Temperaturen geht die Bedeutung der Wassergas-Shift Reaktion jedoch stark zurück.

In weiteren Messreihen wird die Abhängigkeit der Optimaltemperatur für die Methanolsynthese von verschiedenen Parametern zu bestimmen sein. Es empfiehlt sich eine komplette Serie von Messungen vorzunehmen in denen die Lage des Optimums in Abhängigkeit von Druck und massenbezogener Raumgeschwindigkeit bestimmt wird. Bei einer ausreichenden Zahl von Messdaten lässt sich hieraus eine mathematische Beschreibung des Übergangs von kinetischem zu thermodynamischem Regime aufstellen.

Auch sollte in einer weiteren Serie von Messungen der Einfluss der Synthesegaszusammensetzung bestimmt werden. Insbesondere durch eine Variation des Verhältnisses von Kohlenstoffmonoxid zu Kohlenstoffdioxid können wichtige Daten zum Mechanismus und für die Beschreibung der mikrokinetischen Vorgänge gewonnen werden.

Durch Messungen bei höheren Drücken sowie hohen massenbezogenen Raumgeschwindigkeiten können Messungen im Bereich der kinetischen Reaktionskontrolle ausgeführt werden. Zusammen mit der Kenntnis der freien Kupferoberfläche beziehungsweise ihrer Abhängigkeit von Synthesebedingungen und Dauer kann damit eine Turn-over-Frequency bestimmt werden. Dies würde einen entscheidenden Schritt auf dem Weg zur mikrokinetischen Beschreibung der Methanolsynthese darstellen.

6 Anhang

6.1 Verwendete Gase

Für die Versuche wurden verschiedene Reinstgase und fertige Gasgemische verwendet. Diese sind in Tabelle 3-1 zusammengefasst. Lieferant für alle Gase war die Westfalen AG.

Tabelle 6-0-1: Verwendete Gase

Gas	Mischungsverhältnis		Reinheit
Helium	Reinstgas		6.0
Wasserstoff	Reinstgas		6.0
Argon	Reinstgas		5.0
Stickstoff	Reinstgas		5.0
Kohlenstoffmonoxid	Reinstgas		4.7
Kohlenstoffdioxid	Reinstgas		5.0
Lachgas / Helium	N_2O	0,99%	5.0
	He	99,01%	6.0
Synthesegas 1	CO_2	8%	5.5
	CO	6%	4.7
	He	25%	6.0
	H_2	59,5%	6.0
	Ar	1,5%	6.0
Synthesegas 2	CO_2	2%	5.5
	CO	12%	4.7
	He	25%	6.0
	H_2	59,5%	6.0
	Ar	1,5%	6.0
Methanol / Helium	MeOH	2941 ppm	
	He	99,706%	6.0
Wasserstoff / Helium	H_2	2,16%	6.0
	He	97,84%	6.0

Neben den fertigen Gasgemischen wurden durch Vereinigung von Reinstgasströmen nach Bedarf Gasgemische erzeugt.

6.2 Gemessene Kupferoberflächen

Eine Übersicht über die mit der Methode der reaktiven Frontalchromatographie ermittelten Kupferoberflächen ist im Folgenden angegeben:

Industrieller Referenzkatalysator

Katalysator vor der Methanolsynthese:

1.Messung: 24,4 m²/g

2.Messung: 24,5 m²/g

3.Messung: 25,0 m²/g

4.Messung: 24,7 m²/g

5.Messung: 24,7 m²/g

6.Messung: 24,3 m²/g

7.Messung: 24,4 m²/g

Die freie Kupferoberfläche des frischen Katalysators betrug also im Mittel 24,6 ± 0,25 m²/g.

Katalysator nach vorangegangener Synthese:

Synthese bei 1 bar und 210 °C:

7 Stunden: 21,8 m²/g

40 Stunden: 21,0 m²/g

48 Stunden: 20,7 m²/g

Synthese bei 1 bar und 240 °C:

12 Stunden: 21,7 m²/g

Synthese bei 10 bar und 240 °C:

48 Stunden: 18,9 m²/g

Am Lehrstuhl I für Technische Chemie hergestellte Katalysatoren:

Tabelle 6-2: Oberfläche mit Natriumcarbonat ausgefällter Katalysatoren

Katalysatorsyntheseverfahren	Kupferoberfläche vor Synthese [m²/g]	Kupferoberfläche nach Synthese [m²/g]
Batch	20,3	18,7
Schlitzplattenmischer	18,5	15,9
Mikromischer	19,9	19,3

Tabelle 6-3: Oberfläche mit Ammoniumcarbonat ausgefällter Katalysatoren

Katalysatorsyntheseverfahren	Kupferoberfläche vor Synthese [m²/g]	Kupferoberfläche nach Synthese [m²/g]
Batch	14,3	18,5
Schlitzplattenmischer	19,7	20,7
Mikromischer	18,09	18,15

Die Synthesen zwischen den Messungen wurden bei einem Druck von 1 bar ausgeführt. Die Katalysatoreinwaage betrug 200 mg und wurde von einem Gasvolumenstrom von 78 ml/min durchströmt. Dabei wurden nacheinander Temperaturen von 200 °C, 220 °C und 240 °C mit Heizrampen von 1 °C/min angefahren und für jeweils zwei Stunden gehalten.

6.3 Messprotokolle der Synthesen

Das Messprotokoll der Methanolsynthese nahe dem Gleichgewicht auf einem industriellen Referenzkatalysator:

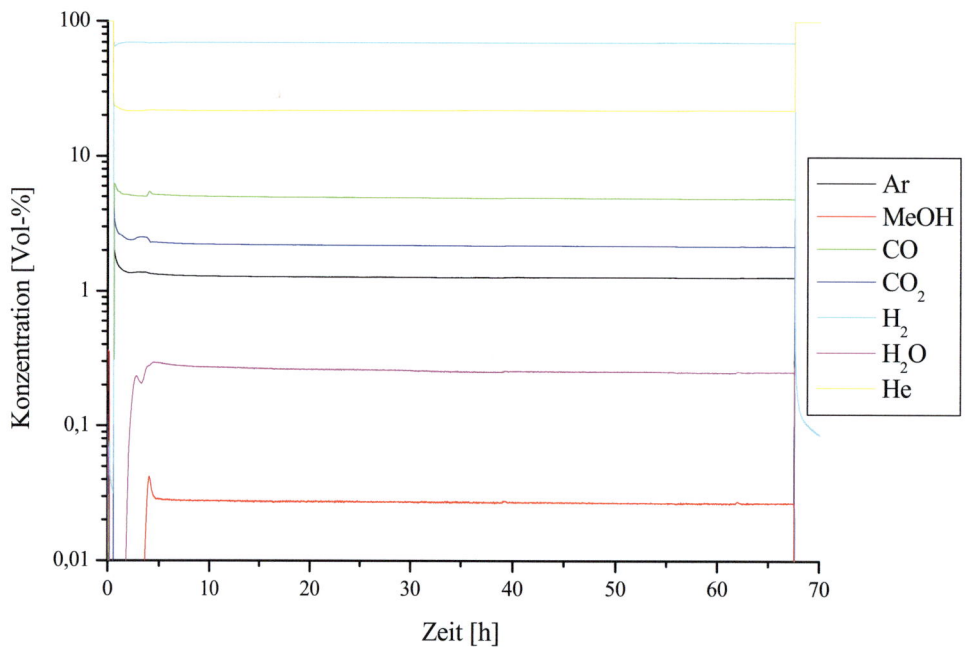

Abbildung 6-0-1: Konzentrationen gegen Time-on-stream (Industrieller Katalysator)

Die Messung wurde bei einem Druck von 1 bar und einer Katalysatoreinwaage von 500 mg durchgeführt. Der Gasvolumenstrom betrug 7,8 Nml/min. Die massenbezogene Raumgeschwindigkeit nahm also einen Wert von $5,56 \cdot 10^{-3}$ s^{-1} an. Die Reaktionstemperatur von 210 °C wurde dabei über eine Temperaturrampe von 1 °C/min angefahren. Der Katalysator war zu Beginn der Synthese infolge einer vorangegangenen RFC oxidiert. Die Synthese wurde mit Synthesegas 1 (SYN1) durchgeführt.

Das Messprotokoll der Methanolsynthese auf einem industriellen Referenzkatalysator bei unterschiedlichen Durchflussraten:

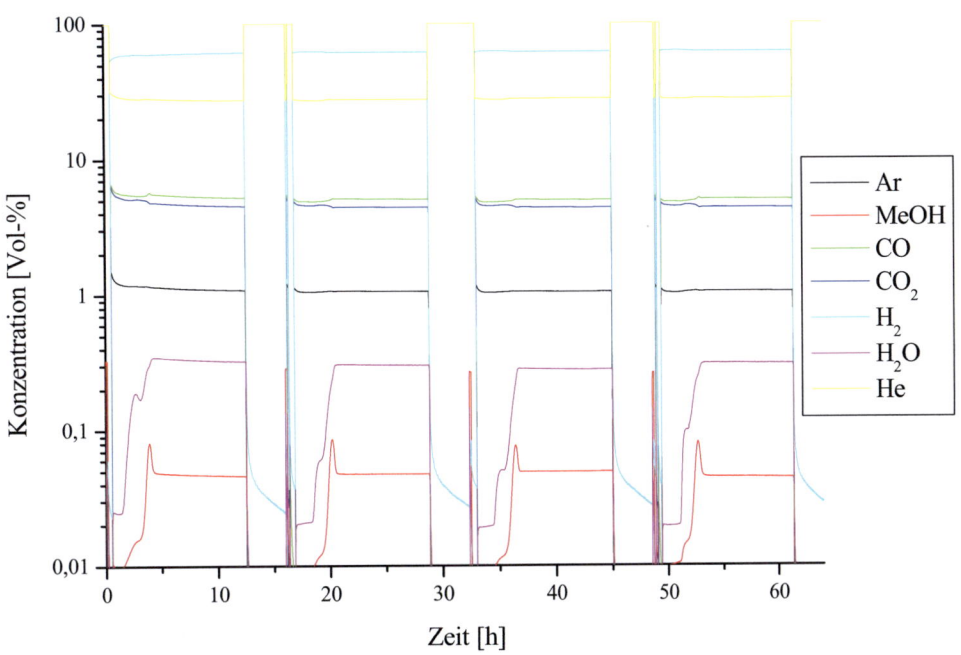

Abbildung 6-2: Konzentrationen gegen Time-on-stream (Industrieller Katalysator)

Die Messung wurde bei einem Druck von 1 bar, einer Reaktionstemperatur von 210 °C und einer Katalysatoreinwaage von 200 mg durchgeführt. Die Temperatur wurde dabei über eine Temperaturrampe von 1 °C/min angefahren. Es wurden nacheinander Durchflussraten von 7,8 Nml/min, 15,7 Nml/min und 21,5 Nml/min (WHSV = $1,4 \cdot 10^{-2}$ s-1, $2,8 \cdot 10^{-2}$ s^{-1} beziehungsweise $4,2 \cdot 10^{-2}$ s^{-1}) gefahren. Die anfängliche Durchflussrate von 7,8 Nml/min wurde anschließend nochmals wiederholt. Zwischen den Synthesen wurde auf Raumtemperatur gekühlt und im Bypass die Kalibrierung für Methanol überprüft. Der Katalysator war zu Beginn der Synthese infolge einer vorangegangenen RFC oxidiert. Die Synthese wurde mit Synthesegas 1 (SYN1) durchgeführt.

Das Messprotokoll der Methanolsynthese auf einem im Batchverfahren hergestellten Katalysator:

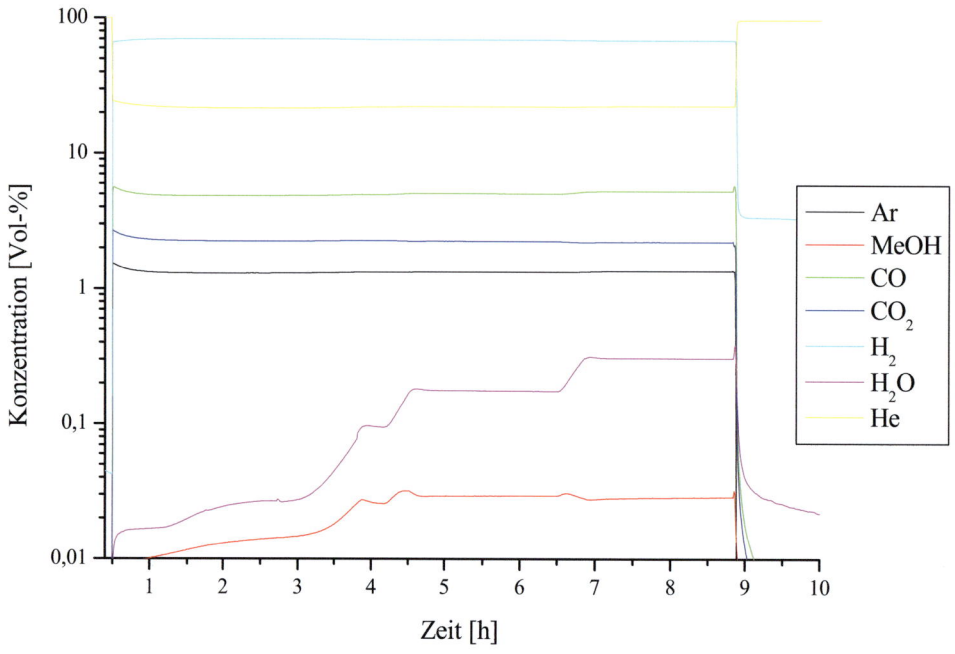

Abbildung 6-0-3: Konzentrationen gegen Time-on-stream (Batch-Katalysator)

Die Messungen wurden bei einem Druck von 1 bar, einer Katalysatoreinwaage von 200 mg und einem Gasvolumenstrom von 7,8 ml/min (WHSV = 0,14 s^{-1}) durchgeführt. Es wurden dabei nacheinander über eine Temperaturrampe von 1 °C/min die Temperaturen 200 °C, 220 °C und 240 °C angefahren. Die erste Temperatur wurde für 20 Minuten gehalten. Die folgenden Temperaturen wurden für jeweils 2 Stunden gehalten. Der Katalysator war zu Beginn der Synthese infolge einer vorangegangenen RFC oxidiert. Die Synthese wurde mit Synthesegas 1 (SYN1) durchgeführt.

Das Messprotokoll der Methanolsynthese auf einem im Schlitzplattenmischer hergestellten Katalysator:

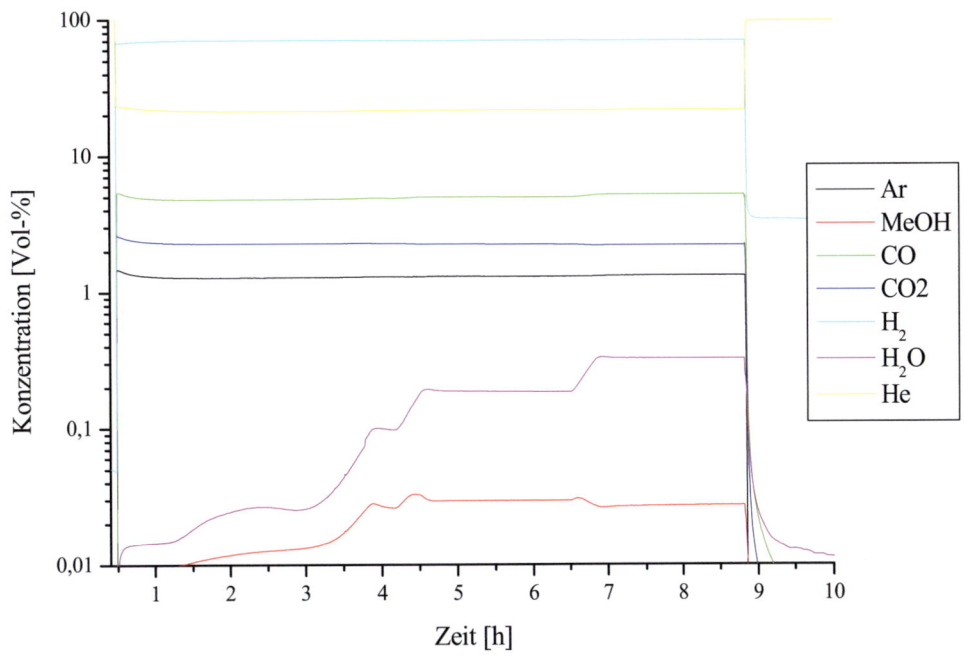

Abbildung 6-0-4: Konzentrationen gegen Time-on-stream (SPM-Katalysator)

Die Messungen wurden bei einem Druck von 1 bar, einer Katalysatoreinwaage von 200 mg und einem Gasvolumenstrom von 7,8 ml/min (WHSV = 0,14 s^{-1}) durchgeführt. Es wurden dabei nacheinander über eine Temperaturrampe von 1 °C/min die Temperaturen 200 °C, 220 °C und 240 °C angefahren. Die erste Temperatur wurde für 20 Minuten gehalten. Die folgenden Temperaturen wurden für jeweils 2 Stunden gehalten. Der Katalysator war zu Beginn der Synthese infolge einer vorangegangenen RFC oxidiert. Die Synthese wurde mit Synthesegas 1 (SYN1) durchgeführt.

Das Messprotokoll der Methanolsynthese auf einem im Mikromischer hergestellten Katalysator:

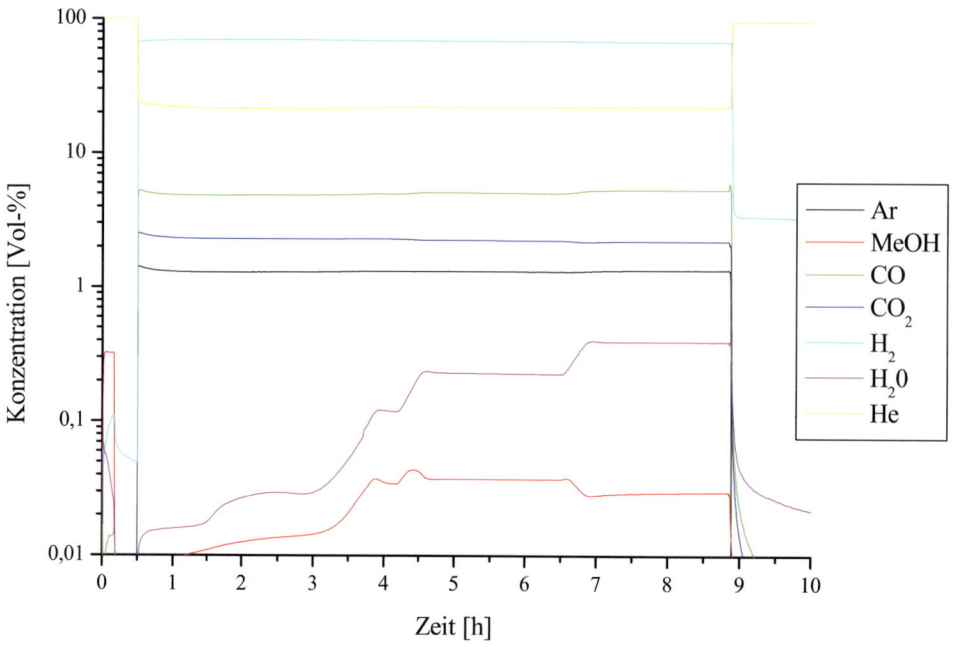

Abbildung 6-0-5: Konzentrationen gegen Time-on-stream (Mikromischer-Katalysator)

Die Messungen wurden bei einem Druck von 1 bar, einer Katalysatoreinwaage von 200 mg und einem Gasvolumenstrom von 7,8 ml/min (WHSV = 0,14 s^{-1}) durchgeführt. Es wurden dabei nacheinander über eine Temperaturrampe von 1 °C/min die Temperaturen 200 °C, 220 °C und 240 °C angefahren. Die erste Temperatur wurde für 20 Minuten gehalten. Die folgenden Temperaturen wurden für jeweils 2 Stunden gehalten. Der Katalysator war zu Beginn der Synthese infolge einer vorangegangenen RFC oxidiert. Die Synthese wurde mit Synthesegas 1 (SYN1) durchgeführt.

Abbildungsverzeichnis

Tabellenverzeichnis

Literaturverzeichnis

[1] Methanol Institute, Arlington, USA; http://www.methanol.org/pdf/WrldSD.pdf (Stand: 11. 8. 2009)

[2] H. Wilmer; „Kinetische Untersuchungen zur Bedeutung von Metall-Träger-Wechselwirkungen für die CO-Konvertierung und Methanolsynthese"; Dissertation, Ruhr-Universität Bochum, **2003**

[3] S. Coffey; „Rodd's Chemistry Of Carbon Compounds", Vol I, Part B, Elsevier Science Ltd., Amsterdam, **1965**

[4] M. Specht, A. Bandi, F. Baumgart, C.N. Murray, J. Gretz, *Greenhouse Gas Control Technologies*, **1999**, pg. 723,

[5] R. Quinn, T. A. Dahl. B.A. Toseland, *Applied Catalysis*, **2004**, 272, 61 – 68

[6] R. Quinn, T. Mebrahtu, T.A. Dahl, F.A. Lucrezi, B.A. Toseland, *Applied Catalysis A: General*, **2004**, *264*, 103 – 109

[7] C.H. Bartholomew, *Applied Catalysis A: General*, **2001**, *212*, 17 – 60

[8] C. N. Satterfield, "Heterogeneous catalysis in practice", McGraw Hills, Boston, 1980

[9] P. Kurr, I. Kasatkin, F. Girgsdies, A. Trunschke, R. Schlögl, T. Ressler, *Applied Catalysis A: General*, **2008**, *348*, 153 – 164

[10] E.D. Batyrev, J.C. van den Heuvel, J. Beckers, W.P.A Jansen, H.L. Castricum, *Journal of catalysis*, **2005**, *229*, 136 – 143

[11] T. Fujitani, I. Nakamura, T. Uchijima, J. Nakamura, *Surface Science*, **1997**, *383*, 285 – 298

[12] M.V. Twigg und M.S. Spencer; *Topics in Catalysis*, **2003**, 22, 191 – 203

[13] G. Huang, B.-J. Liaw, C.-J. Jhang, Y.-Z. Chen, *Applied Catalysis A: General*, **2009**, *358*, 7-12

[14] M. Saito, T. Fujitani, I. Takahara, T. Watanabe, M. Takeuchi, Y. Kanai, K. Moriya, T. Kakumoto, *Energy Conversion and Management*, **1995**, *36*, 577 – 580

[15] S. Gusi, F. Trifirò, A. Vaccari, G. Del Piero, *Journal of Catalysis*, **1985**, *94*, 120 – 127

[16] K.G. Chanchlani, R.R. Hudgins, P.L. Silveston, *Journal of Catalysis*, **1992**, *136*, 59 – 75

[17] J. Li, W. Zhang, L. Gao, P. Gu, K. Sha, H. Wan, *Applied Catalysis A: General*, **1997**, *165*, 411 – 417

[18] J. Słoczyński, R. Grabowski, P. Olszewski, A. Kozłowska, J. Stoch, M. Lachowska, J. Skrzypek, *Applied Catalysis A: General*, **2006**, *310*, 127 – 137

[19] M. Kilo, J. Weigel, A. Wokaun, R. A. Koeppel, A. Stoeckli, A. Baiker, *Journal of Molecular Catalysis A: Chemical*, **1997**, *126*, 169 – 184

[20] W.-J. Shen, Y. Ichihashi, Y. Matsumura, *Applied Catalysis A: General*, **2005**, *282*, 221 – 226

[21] S. Kaluza, M. Muhler, *Catalysis letters*, **2009**, *129*, 287 – 292

[22] S. Kaluza, M.K.Schröter, R.;Naumann d'Alnoncourt, T. Reinecke, M. Muhler, *Advanced Functional Materials*, **2008**, *18*, 3670 – 3677

[23] P.B. Himelfarb, F.E. Wawner, A. Bieser, S. N. Vinest, *Journal of Catalysis*, **1983**, *83*, 469 – 471

[24] G. Ertl, H. Knözinger, J. Weitkamp; „Handbook of Heterogeneous Catalysis", Volume 1, Wiley-VCH, Weinheim, **1997**

[25] Süd-Chemie AG, Deutsches Patent 10160486A1, **2003**

[26] Bayer AG, Deutsches Patent 000010207443A1, **2004**

[27] C. Baltes, S. Vukojević, F. Schüth, *Journal of Catalysis*, **2008**, *258*, 334 – 344

[28] B. Bems, M. Schur, A. Dassenoy, H. Junkes, D. Herein, R. Schlögl, *Chemistry – A European Journal*, **2003**, *9*, 2039 - 2052

[29] M. Baerns, A. Behr, A. Brehm, J. Gmehling, H. Hofmann, U. Onken, A. Renken; „Technische Chemie", Wiley-VCH, Weinheim, **2006**

[30] G. Emig, E. Klemm; "Technische Chemie", Springer-Verlag GmbH, Heidelberg, **2005**

[31] N. Kockmann, M. Engler, P. Woias; „Particulate Fouling in Micro-Structured Devices", Proceedings of 6th International Conference on Heat Exchanger Fouling and Cleaning – Challenges and Opportunities, Kloster Irsee, 2005

[32] Ehrfeld Mikrotechnik BTS GmbH; http://www.ehrfeld.com (Stand: 17. 9. 2009)

[33] M. Saito, M. Takeuchi, T. Watanabe, J. Toyir, S. Luo, J. Wu, *Energy Conversion and Management*, **1997**, *38*, 403 - 408

[34] Y. Zhang, Q. Sun, J. Deng, D. Wu, S. Chen, *Applied Catalysis A: General*, **1997**, *158*, 105 – 120

[35] J.R. Jensen, T. Johannessen, S. Wedel, H. Livbjerg, *Journal of Catalysis*, **2003**, *218*, 67 – 77

[36] J.P. Shen, C. Song, *Catalysis Today*, **2002**, *77*, 89 – 98

[37] M. Bowker, R.A. Hadden, H. Houghton, J.N.K. Hyland, K.C.Waugh, *Journal of Catalysis*, **1988**, *109*, 263 – 273

[38] G.C. Chinchen, K. Mansfield, M.S. Spencer, *Chemtech*, **1980**, *20*

[39] P. C.K. Vesborg , I. Chorkendorff, I. Knudsen, O. Balme, J. Nerlov, A. M. Molen-broek, B. S. Clausen, S. Helveg, *Journal of Catalysis*, **2009**, *262*, 65 – 72

[40] J.-L. Li, T. Inui, *Applied Catalysis A: General*, **1996**, *137*, 105 – 117

[41] J. Nakamura, T. Uchijima, Y. Kanai, T. Fujitani, *Catalysis Today*, **1996**, *28*, 223 – 230

[42] P.B. Rasmussen, M. Kazuta, I. Chorkendorff, *Surface Science*, **1994**, *318*, 267 – 280

[43] Z.-M. Hu, K. Takahashi, H. Nakatsuji, *Surface Science*, **1999**, *442*, 90 – 106

[44] T. Fujitani, J. Nakamura, *Applied Catalysis A: General*, **2000**, *191*, 111 – 129

[45] T. J. Osinga, B. G. Linsen, W. P. van Beek, *Journal of Catalysis*, **1967**, *7*, 277-279

[46] G.C. Chinchen, C.M. Hay, H.D. Vandervell, K.C. Waugh, *Journal of Catalysis*, **1987**, *103*, 79 – 86

[47] J.W. Evans, M.S. Wainwright, A.J. Bridgewater, D.J. Young, *Applied Catalysis*, **1983**, *7*, 75

[48] R.M. Dell, F.S. Stone, P.F. Tiley, *Transactions of the Faraday Society*, **1953**, *49*, 195 – 201

[49] O. Hinrichsen, T. Genger, M. Muhler, *Chemie Ingenieur Technik*, **2000**, *72*, 94 – 98

[50] J.I. Steinfeld, J.S. Francisco, W.L. Hase, "Chemical Kinetics and Dynamics", Prentice-Hall, New Jersey, **1989**

[51] I. Barin, „Thermochemical Data of Pure Substances", Wiley-VCH, Weinheim, **1993**

[52] R. Reich, „Thermodynamik – Grundlagen und Anwendungen in der allgemeinen Chemie", Wiley-VCH, Weinheim, **1993**

[53] G. Kortüm, H. Lachmann, „Einführung in die chemische Thermodynamik", Vandenhoeck & Rubrecht, Göttingen, **1981**

[54] R. Naumann d'Alnoncourt, M. Bergmann, J.Strunk, E. Löffler, O. Hinrichsen, M. Muhler, *Thermochimica Acta*, **2005**, *434*, 132 - 139

[55] H. Budzikiewicz, „Massenspektrometrie: eine Einführung", Wiley-VCH, Weinheim, **1998**

[56] J.T. Watson, „Introduction to Mass Spectrometry", Third Edition, Lippincott Raven, Philadelphia, **1997**

[57] C. Synowietz, "Chemiker - Kalender"; Springer-Verlag GmbH, Berlin, Heidelberg, **1984**

[58] M.D. Lechner, "Physikalisch-chemische Daten"; Springer-Verlag GmbH, Berlin, Heidelberg **1992**

[59] Persönliches Gespräch: Robert Mornhinweg, Lehrstuhl I für Technische Chemie, Technische Universität München

[60] J. Hagen, "Chemiereaktoren", Wiley-VCH, Weinheim, **2004**

[61] Y. Matsumura, H. Ishibe, *Applied Catalysis B: Environmental*, **2009**, *91*, 524 – 532

[62] Persönliches Gespräch: Maximilian Peter, Lehrstuhl I für Technische Chemie, Technische Universität München

[63] J Hagen, „Industrial Catalysis", Wiley-VCH, Weinheim, **2006**

[64] P. Patnaik, D. Y. Rao, P. Ganguli, R. S. Murthy, *Thermochimica Acta*, **1983**, *68*, 17-25